基层兽医常见羊病诊疗手册

荣 光　王金良　王韵斐　主编

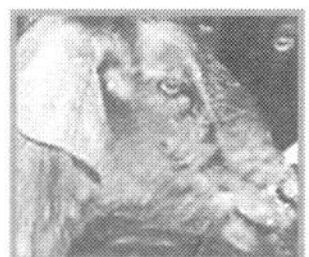
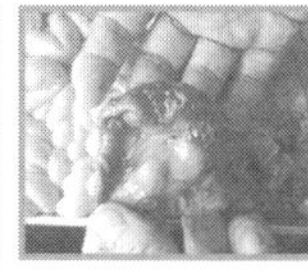

中国农业科学技术出版社

图书在版编目（CIP）数据

基层兽医常见羊病诊疗手册 / 荣光，王金良，王韵斐主编．— 北京：中国农业科学技术出版社，2020.9

ISBN 978-7-5116-4910-2

Ⅰ．①基… Ⅱ．①荣… ②王… ③王… Ⅲ．①羊病–诊疗–手册 Ⅳ．① S858.26-62

中国版本图书馆 CIP 数据核字（2020）第 143532 号

责任编辑 张国锋
责任校对 贾海霞

出 版 者 中国农业科学技术出版社
北京市中关村南大街 12 号 邮编：100081
电　　话 （010）82106636（编辑室）（010）82109702（发行部）
（010）82109709（读者服务部）
传　　真 （010）82106631
网　　址 http://www.castp.cn
经 销 者 各地新华书店
印 刷 者 北京富泰印刷有限责任公司
开　　本 880mm × 1 230mm 1/32
印　　张 8
字　　数 301 千字
版　　次 2020 年 9 月第 1 版 2020 年 9 月第 1 次印刷
定　　价 48.00 元

编写人员名单

主　　编　荣　光　王金良　王韵斐

副 主 编　辛太伟　郑先杞　黄玉文　罗　军

陈秋菊　焦修成

编　　者　侯　丽　米晓云　牛红兰　张晓光

王英群　冯显钤　李　铭　卢明月

王晓莹　廖晓君

前言

当前，我国养羊业集约化程度不断提高，羊群密度增大，应激因素增多，圈舍卫生和羊群防疫的难度加大，羊病的流行情况越来越复杂，老病新发，新病不断，多病原间的混合感染、继发感染、协同感染越来越普遍，细菌耐药性日趋严重，羊病的威胁不断扩大。特别是口蹄疫、炭疽、布鲁氏菌病等严重影响公共卫生安全和人类健康，羊场疾病压力以及对环境的影响压力越来越大。与此同时，基层兽医们又因传统兽医观念的束缚，一部分人仍然停留在就病论病、单纯治疗的层面上，很难应对当前羊病流行新形势。为此，掌握目前羊病的流行情况以及预测未来羊病的流行趋势，基层兽医职能尽快从治疗转向预防，可以有效地控制疾病的发生，减少经济损失，促进我国养羊业的稳定、可持续发展，也是当前及今后很长一段期间基层规模羊场管理工作的重中之重。

正是基于这种想法，我们编写了《基层兽医常见羊病诊疗手册》一书，就羊场一些常见羊病毒性和细菌性传染病、普通病、寄生虫病等的诊断、治疗、规范用药等内容进行了全方位的阐述。本书作者长期从事畜牧兽医研究、教学和生产一线技术服务工作。本书内容系统完整、语言通俗易懂、技术简明实用、用药安全规范，特别适合基层羊场兽医、饲养管理人员及畜牧工作者参考使用，也是大中专院校畜牧兽医专业师生的重要参考资料。

由于我们水平有限，加之全国各地情况不一，书中偏误和纰漏在所难免，敬请广大读者针对性地学习，选择性地应用，对不当之处不吝批评指正。

编　者

2020年5月

目　录

羊病的诊断方法与治疗技术

第一节　羊病临床诊断的基本方法

为了发现和收集作为诊断根据的症状资料，需用各种特定的方法，对病羊进行客观的观察与检查。以诊断为目的，应用于临床实际的各种检查方法，称为临床检查法。

从临床诊断的角度，通过问诊调查了解和应用检查者的眼、耳、手、鼻等感觉器官，对病羊进行直接的检查，仍是当前最基本的临床检查方法。

基本的临床检查法主要包括：问诊、视诊、触诊、叩诊、嗅诊和听诊。因为这些方法简单、方便、易行，在任何场所均可采用，并且多可直接地、较为准确地判断病理变化，所以一直被沿用为临床诊断的基本方法。

一、问　诊

问诊就是以询问的方式，听取畜主或饲养人员关于病羊发病情况和经过的介绍，问诊的主要内容包括：现病历、既往病史、平时的饲养管理及利用情况。

1. 现病历

即关于现在发病的情况与经过。其中应重点了解以下内容。

（1）羊群的发病范围及季节发病的范围，是散发还是群发；邻舍及附近场（户）是否也有发生；发病是否有季节性。从而可以初步区分病的性质是传染病、寄生虫病、污染草料中毒或内科病。

（2）发病羊是否具有某些特点，如品种特点、性别特点、生理阶段特点、年龄特点或体质特点等。如绵羊肺腺瘤病在3岁以上绵羊才会表现出症状，肥胖羔羊易发生代谢中毒。

（3）病程及预后自然发病的时间，是自愈还是死亡，死亡的情形，是兴奋死亡还是衰竭死亡。病症发展得快慢及严重程度。

（4）主诉人所估计到的致病原因。如羊多吃了精料、吃了霉草、吃了有毒草料，曾在烈日下暴晒，曾经受伤等。

2. 既往病史

即过去病羊、羊群病史。其中的主要内容是：病羊与羊群过去患病的情况，是否发生过类似疾病，其经过与结局如何，是否疫区，是否防疫等。这些资料在对现病与过去疾病的关系以及对传染病和非传染病的分析上都有很重要的实际意义。

3. 了解饲养管理情况

即对病羊及羊群的平时饲养管理、生产性能的了解。不仅可从中查找出饲养管理的失宜与发病的关系，而且在判定合理的防治措施上，也是十分必要的，因此更应详细地询问。

（1）饲料日粮的种类、数量与质量，饲喂制度与方法。饲料品质不良与日粮配合不当，经常是营养不良、消化紊乱、代谢失调的根本原因；而饲料与饲养制度的突然改变，又常是引起前胃疾病、便秘或下痢的原因；饲料发霉、放置不当而混入毒物，加工或调制方法的失误而形成有毒物质等，可成为饲料中毒的条件。放牧的羊群则应问及牧地与牧草的组成情况。

（2）畜舍的卫生和环境条件。如光照、通风、保暖与降温，垫草及运动场等。牧场的地理情况（位置、地形、水源、气候条件等），附近场矿的“三废”（废水、废气及污物）的处理等也应注意。环境条件的卫生学评定，在推断病因上应该特别重视。

（3）病羊的使用情况及生产性能，管理人员及其管理制度。对动物的过度使用（配种次数过多），粗暴抽打，只挤奶不加精料，运动不适，饲养人员的不熟练与管理制度的混乱等也可能是致病的原因。

可见问诊的内容是十分广泛的，这当然要根据病畜的具体情况适当地加以增减。而问诊的顺序，应依实际情况灵活掌握，可先问诊后检查，也可先检查后问诊，也可边检查边询问。而特别重要的是问诊的态度，要十分诚恳和亲切，以得到畜主的密切配合，取得充分而可靠的资料。

对问诊得到的材料，应客观地评价，既不应绝对地肯定又不能简单地否定，而应将问诊的材料和临床检查的结果加以联系，进行全面的综合分析，从而找出诊断线索。

二、视　诊

视诊就是用肉眼直接地观察病羊的整体概况，或其某些部位的状态，经常可搜集到很重要的症状资料。视诊是接触病羊进行客观检查的第一个步骤，主要内容如下。

1. 观察其整体状态

如体格的大小，发育的程度，营养状况，体质的强弱，躯体的结构，胸腹及肢体的匀称性等。

2. 观察其精神及整体、姿势与运动行为

如精神的沉郁或兴奋，静止时的姿势改变或运动中步态的变化，有否腹痛不安、运动强拘（如破伤风、有机磷中毒、风湿病等）或强迫性运动等。

3. 观察其体表皮肤被毛的病变

如被毛状态，皮肤及黏膜的颜色及特性，体表的创伤、溃疡、疹疱、肿物等外科病变的位置、大小、形状及特点。

4. 检查某些与外界直通的体腔

如口腔、鼻腔、咽喉、阴道、肛门等。注意其黏膜的颜色改变及完整性的破坏，并确定其分泌物、渗出物的数量、性质及其混有物。

5. 注意其某些生理活动异常

如呼吸动作有无异常，是否喘息、咳嗽。采食、咀嚼、吞咽、反刍等消化活动情况及有无呕吐、腹泻，排粪、排尿的状态及粪便、尿液的数量、性质与混有物。

视诊又是深入畜舍，巡视羊群时的重要内容，是在羊群中早期发现病羊的重要方法。

视诊的一般程序是先检查羊群，判断其总的营养、发育状态，并发现患病的个体；而对个体病羊则先观察其整体状态，继则注意其各个部位的变化。为此，一般应先距病羊一定距离（1.5 米左右），以观察其全貌，然后由前到后，由左到右地边走边看，围绕病羊行走一周，以做细致的检查；先观察其静止姿态的变化，再行牵遛，以发现其运动过程及步态的改变。

通过临床的视诊观察，根据所发现的症状变化，一般就可为进一步的诊查提供深入的线索，甚至在个别的情况下可直接对疾病做出初步的诊断（如破伤风等）。当然，视诊观察力的锐敏性及判断的准确性，必须在经常不断的临诊实践中加以锻炼与提高。

三、触　诊

触诊是利用触觉及实体觉的一种检查法，通常用检查者的手（手指、手掌或手背，有时可用拳）去实施。

1. 触诊的适用范围

（1）检查体表状态。如判断皮肤表面的温度、湿度，皮肤与皮下组织的质地、弹性及硬度，体表淋巴结及局部病变的位置、大小、形态及其温度、硬度、可动性及疼痛反应等。

如要测出准确体温，可用兽用体温计，方法是将体温计的水银柱甩至 35℃以下，然后将水银一端涂上润滑剂，再插入肛门 5~7 厘米，停 5 分钟后再取出看体温的高低。

（2）检查某些器官、组织，感知其病理变化。如在心区检查心搏动，以判定其强度、频率及节率。触诊对检查瘤胃积食、臌气、瓣胃阻塞等都很重要。对羊怀孕后期的检查也是切实可行的方法。

（3）腹部触诊可判定腹壁的紧张度及敏感性，还可通过软腹壁进行深部触诊。从而感知腹腔状态（如腹水），胃肠的内容物及性状，肾脏与膀胱的病变以及母畜的子宫与妊娠状况。

2. 触诊的具体方法

触诊应依检查的目的与对象而不同。

（1）检查体表的温、湿度，应以手背为主进行，应注意躯干与末梢的对比及左右两侧、健区与病区的对照检查。

（2）检查局部与肿物的硬度和性状，应以手指进行加压或揉捏，根据感觉及压后的现象去判断。如手指加压后留有明显的压痕，此乃是皮下水肿的特征。如感觉有明显的波动感，多提示其内容蓄积有液体（如脓肿、血肿、淋巴外渗等时）；如肿胀柔软、有弹性或触压其边缘处有捻发音，有气体向周围组织窜动，则为皮下气肿的特征；如肿物位于腹侧或腹下、脐部或阴囊部，且其内容物不定，或为固体、液体或气体，经按压可还纳，宜提示疝的可疑。

（3）内脏器官的深部触诊。须依被检查器官的部位不同而选用适宜的方法。按压触诊适用于检查胸、腹壁的敏感性及腹腔器官与内容物性状。冲击触诊适用于羊右侧肋弓区，可感知瓣胃或真胃的内容物性状。切入触诊，以一个或几个并拢的手指，沿一定部位进行深入的切入或压入，以感知内部器官的性状，适用于检查肝、肾、脾的边缘及性状。

在触诊时，不能只是单纯地用手去摸，而必须同时手、脑并用，做到边触诊边思索。

四、叩　诊

叩诊是对病羊体表的某一部位进行叩击，借以引起振动并发生音响，根据产生音响的特性，去判断被检查的器官、组织的病理状态的一种方法。

在羊病诊断上多采用直接叩诊法，即用一个或数个并拢且呈屈曲的手指，向病羊体表的一定部位轻轻叩击。如羊瘤胃臌气时，通过叩击可判断出臌气的程度。在肺区叩击，如反应敏感则应怀疑肺炎或胸膜肺炎。在心区叩诊，如反应敏感，则应怀疑心肌炎或创伤性网胃心包炎。

五、听　诊

听诊是利用听觉去辨识音响的一种检查方法。音响是指在生理或病理过程中所自然发生的音响。

听诊的应用范围很广，从中医的“望闻问切”中的“闻”内容来看，病畜的呻吟、喘息、咳嗽、喷嚏、嗳气、咀嚼的声音及高朗的肠鸣音等均属听诊的范围。而现代听诊的主要内容如下。

1.对心脏的听诊

即心音，判定心音的频率、强度、性质、节律以及有否附加的心杂音；有否心包的摩擦音及击水音也是应注意检查的内容。

2.对呼吸系统听取呼吸音

如气管以及肺泡呼吸音，判定呼吸次数、强度、节律；辨别附加的杂音（如啰音）与胸膜的病理性声音（如摩擦音、振荡音）。

3.对消化系统，听取胃肠的蠕动音

判定其频率、强度及性质以及腹腔的振荡音（当有腹水或瘤胃及真胃积食时）。

听诊的方法可分为直接听诊法和间接听诊法，在羊病诊断上多采用间接听诊法，即用听诊器听诊病羊。

听诊的注意事项如下。

（1）一般应选择在安静的地方进行。

（2）依检查的目的，检查者应取适当的姿势。

（3）听诊器的接耳端，要适宜地插入检查者的外耳道（不松也不过紧），接体端（听头）要紧密地放在病羊的体表检查的部位。

（4）被毛的摩擦是最常见的干扰听诊效果的因素，要尽可能地避免。必要时可将听诊部位的被毛弄湿。

（5）注意防止一切可能发生的杂音，如听诊器胶管与手臂、衣服等的摩擦音。

（6）检查者要将注意力集中在听取的声音上，并且同时要注意观察动物的动作，如听呼吸音时要注意呼吸动作。

六、嗅　诊

嗅诊主要应用于嗅闻病畜的呼出气体、口腔的臭味及病畜所分泌和排泄的带有特殊臭味的分泌物、排泄物（粪尿）以及其他病理产物。

如呼出气体及鼻液有特殊腐败臭味是提示呼吸道及肺脏有坏疽性病变的重要线索；尿液及呼出气息有酮味，可提示对羊酮尿症的怀疑；阴道分泌物的化脓，腐败臭味，可见于子宫蓄脓或胎衣滞留及阴道尿道炎等。

羊的正常生理指标见表 1–1。

表 1–1　羊的正常生理指标

畜别	体温（℃）	呼吸（次 / 分）	心跳（次 / 分）	反刍（次 / 一个食团）	胃蠕动（次 /2 分）	妊娠期（天）
山羊	38.0~40.0	15~30	70~80	40~60	4~6	150 ± 2
绵羊	38.0~40.5	12~25	70~80	40~60	3~6	150 ± 2

第二节　羊病的系统检查

羊病的系统检查，就是按照每一个独立的功能系统进行检查。通常按照消化系统、呼吸系统、心血管系统和泌尿生殖系统进行检查，以便获得完整、系统和准确的疾病信息。

一、消化系统

由于消化系统是一个完全开放的系统，它与外界直接相通，外环境中的各种致病因素通过饲草饲料非常容易进入系统中而使羊体患病，所以，羊消化系统的疾病最常见，发病也最多。在临床实践中，临诊人员应详细检查草料、食欲、饮欲、反刍、嗳气、口腔、食道、胃肠道及排便情况等。

（一）查饮食欲

羊体的饮欲、食欲能反映全身及消化系统的健康状况。通过询问饲养管理人员，了解羊只采食草料的多少、饮欲的有无，或用幼嫩的青草或清洁的饮水当场试验，以探寻羊只消化系统的状况。若饮、食欲下降，提示消化系统功能降低；如果废绝，说明有严重的全身性功能紊乱；若羊只表现想吃而不愿或不敢咀嚼，说明病在口腔及牙齿。喜吃泥土、砖瓦或舔食其他不应该吃的异物，提示微量元素缺乏或慢性消化功能紊乱。如发现羊只饮水增加或见水急饮，说明羊只患有高热、腹泻或大出血性疾病。

（二）查反刍

羊只的反刍，是食团从瘤胃返回口腔，进行再咀嚼并再咽下的过程，它是一种非常重要的生理过程。健康羊只通常在饲喂后半小时开始反刍，每次反刍持续时间为 30~40 分钟，每一食团咀嚼次数为 40~60 次，每昼夜反刍 6~8 次。如果羊只反刍次数减少，或每次反刍持续时间变短，每一食团咀嚼次数减少，多提示前胃、真胃等许多疾病。在羊只出现高热、严重的前胃及真胃疾病或肠炎等情况时，其反刍大多废绝。

（三）查嗳气

嗳气是羊的一种正常生理现象，休息时可观察到颈部食管有自下而上的逆蠕动波，即为嗳气动作，通常每小时有 9~12 次，也可用听诊器在颈部食管处听诊。嗳气减少是瘤胃运动机能障碍的结果。嗳气停滞与食欲废绝、不反刍同时发生，可导致羊瘤胃臌气。

（四）查口腔

检查口腔时，要注意口腔的温度、湿度、颜色、完整性、舌及牙齿的情况。口腔温度高，多见于热性病及口炎；口腔温度低常见于重度贫血、虚脱及疾病的濒死期。口腔黏膜湿润或流涎，应注意口腔黏膜有无异物刺入或是否已溃疡糜烂，并特别注意有无羊口疮和口蹄疫流行；口腔干燥，见于发热性疾病、瓣胃阻塞及脱水性疾病。健康羊的口腔黏膜颜色为淡红色，如果口色变为苍白，是羊贫血的征兆；口色比正常红，多见于发热性疾病或口炎；口色发绀（紫红），是机体缺氧的征兆，多见于呼吸困难、中毒性疾病及某些疾病的濒死期；如果口腔黏膜颜色快速变得苍白或青紫，预示病情严重，大多预后不良。同时，注意切齿是否整齐、有无松动或氟斑牙，臼齿有无脱落、过长齿以及齿龈有无炎性肿胀等。

（五）查腹部

查腹部主要包括腹围与腹壁、前胃（瘤胃、网胃、瓣胃）、真胃、肠道机能的检查。

1. 查腹围与腹壁

成年健康羊因主要采食草料，腹围比较饱满，左侧肷窝部稍凹陷，饱食后则变得较平坦。母羊妊娠后期，腹右侧扩大较明显。如果羊的腹围较平时明显增大，左右两肷窝消失甚至凸起皮肤，与髋结节同高，甚至和背线同高，是羊患瘤胃臌气、瘤胃积食的症状。羊的膀胱破裂，某些疾病引发腹膜炎时，腹腔内会有大量渗出液，此时腹围也会增大，但肷窝凹陷不会凸起，腹部中下部位见鼓起，检查者站在羊只的后方视诊时，腹部中下向左右两侧明显扩展，如果用手进行腹部冲击式触诊，能听到明显的响水声。羊长期得不到优质草料、饥饿、腹泻和患有寄生虫病等慢性消耗性疾病时，腹围会缩小，甚至呈现腹部蜷缩状。

健康羊的腹壁触诊反应比较敏感。用手触诊腹壁时，如果敏感性增强，多见于急性腹膜炎和肠套叠等，腹壁的紧张度增高多见于破伤风等。

2. 查瘤胃

羊的瘤胃占据左侧腹腔的绝大部分，与腹壁紧贴。几乎所有的消化系统疾病以及影响羊正常消化功能的疾病，都可直接或间接影响瘤胃蠕动次数、蠕动持续时间、蠕动力量等正常功能，病情严重时，瘤胃蠕动完全消失。瘤胃检查除了用视诊看腹围外，还可用触诊、叩诊及听诊等方法进行检查。

（1）触诊时，检查者把手掌摊平或半握拳用力紧贴或触压左侧肷部，感知瘤胃内容物的性状及软硬程度，静置以感知瘤胃蠕动力量并计算蠕动次数。正常情况下，羊在采食前，瘤胃上部有 1~3 厘米厚的气体层，触诊时较松软，而采食后肷窝部硬度如捏粉，用拳头压迫后压痕能保持 5~10 秒不退；瘤胃的中下部内容物比较坚实，一般采用冲击式触诊才能感知得到。

如果触诊时感知瘤胃内容物硬固或呈面团样，压痕久久不能消失，多是瘤胃积食的症状；若瘤胃内容物稀软，瘤胃上部气体层增厚，肷部鼓起，是瘤胃臌气的症状。瓣胃或真胃阻塞时，瘤胃内容物停滞，并蓄积大量液体，此时触诊瘤胃松软有波动，冲击式触诊有响水声。瘤胃臌气时，用手掌拍击右侧肷窝部，可听到类似敲鼓的声音。

正常时，羊的瘤胃每分钟收缩 2~4 次，每次收缩持续 15~30 秒。触诊时，如果感觉瘤胃蠕动力量微弱，次数稀少，每次蠕动持续时间短促，或瘤胃蠕动完全消失，则预示瘤胃机能衰减，多见于羊前胃弛缓、瘤胃积食、热性病和某些全身性疾病；瘤胃蠕动加强，次数频繁、持续时间延长，见于急性瘤胃臌气初期、毒物中毒或给予瘤胃兴奋药物后。

（2）叩诊时，健康羊左肷上部呈强度适中的鼓音，从肷窝向下逐渐变为半浊音，最下部完全变为浊音。瘤胃积食的病羊，瘤胃叩诊浊音区扩大，有时叩诊肷窝部也可呈现浊音；而瘤胃臌气的病羊，瘤胃叩诊时鼓音区扩大，有时可达肷窝下部。

（3）健康的羊，用听诊器听诊左肷部，可听到瘤胃蠕动的沙沙声，又似吹风样或远炮声，每次都是由强到弱，由弱到无。可结合触诊综合判断。

3. 查网胃

如触压网胃区，或检查者骑于羊背，用双手从剑状软骨突起的后方合拢，向上猛然提举，如有创伤性网胃炎，则羊表现不安、呻吟、咩叫。

4. 查瓣胃

在瓣胃阻塞时，一手放在瓣胃区，轻轻向对侧有节律地扇动，借此来判断肋骨内侧瓣胃的硬度，也可用四个手指从右侧最后肋骨处向前内方插入，有时可触到坚实的瓣胃。

5. 查真胃

健康羊的真胃不易触摸出确切的轮廓，听诊时可听到类似流水声或含漱音。检查人员对每只羊应至少听取 5 分钟，借以和瘤胃蠕动音及肠音区别开来。当羊只患有真胃炎时，触压真胃区敏感，表现不安、咩叫。当真胃阻塞、内容物大量聚集时，观察右肋弓区，真胃向外扩展，并可触摸到坚实的真胃的前后界限，听诊时真胃蠕动音消失。

6. 查肠管

健康羊在右腹部可听到短而少的流水声或漱口音，即为肠蠕动音，一般不再区分小肠音或大肠音。当羊只患有肠炎时，肠音亢盛，呈持续而高朗的流水声；发生肠便秘时，肠蠕动音减弱或消失。

（六）查粪便

健康羊的粪便呈椭圆形粒状，较软，颜色黑亮。临床诊断中查粪便的主要目的是观察羊排粪的动作、排粪次数与数量以及粪便的颜色、形态、软硬度及混杂物，对胃肠道的疾病诊断有重要帮助。

羊胃肠蠕动迟缓或麻痹，多因发烧所致。在羊口蹄疫等发热性疾病的初期，有相当多的患病羊粪便都会过于干燥，且颜色发黑；羊肠梗阻、肠套叠时，粪便外往往会包裹一层胶冻样物，且质地黏稠，而肠完全梗阻时，患病羊只能排出少量胶冻样物而无粪便排出；瘤胃积食在病程的某个阶段，可见到粪便中有未被消化的较长草段，粪便呈水样，水草分离，恶臭；羊副结核在持续腹泻阶段腹泻量大，严重时呈喷射状，粪便质地均匀、细碎，呈稀面糊状；水样粪便中如果含有血液、黏液，多见于羊病毒性腹泻、肠炎、食盐中毒等；患有球虫病的羊，其粪便中多含有鲜红色血液、血块；羊患梭菌性肠炎时，粪便黑色水样、恶臭，有一定的黏度，有时便中混有少量血液成分；瓣胃阻塞的病羊，粪便干、少，呈球形或饼状；饲养管理中因过食精饲料导致的腹泻，粪便中含有大量未被消化的草料残渣，气味酸臭；粪便中混有虫体，是胃肠道寄生虫病。

新生羔羊出生排完脐粪后，正常的粪便颜色为蛋黄色或黄褐色。如果粪便颜色发绿、稀软，是受凉的表现；羔羊吃奶过足，胃肠道功能受损，粪便发白；粪便深红色，说明消化道前段有出血，如胃出血、食道出血；粪便鲜红色，肠道有出血。

（七）查采食和饮水

在正常情况下山羊用上唇摄取食物，靠唇舌吮吸把水吸进口内来饮水。

1. 采食障碍

表现为采食方法异常，唇、齿和舌的动作不协调，难把食物纳入口内，或刚纳入口内，未经咀嚼即脱出。见于唇、舌、牙、颌骨的疾病及各种脑病，如慢性脑水肿、脑炎、破伤风、面神经麻痹等。

2. 咀嚼障碍

表现为咀嚼无力或咀嚼疼痛。常于咀嚼突然张口，上下颌不能充分闭合，致使咀嚼不全的食物掉出口外。见于佝偻病、骨软症、放线菌病等。此外，由于咀嚼的齿、颊、口黏膜、下颌骨和咬肌等的疾病，咀嚼时引起疼痛而出现咀嚼障碍。神经障碍，也可出现咀嚼困难或完全不能咀嚼。

3. 吞咽障碍

吞咽时或吞咽稍后，动物摇头伸颈、咳嗽，由鼻孔逆出混有食物的唾液和饮水。见于咽喉炎、食管阻塞及食管炎。

4. 饮水障碍

在生理情况下饮水多少与气候、运动和饲料的含水量有关。在病理状态下，饮欲可发生变化，出现饮欲增加或饮欲减退。

饮欲增加见于热性病、腹泻、大出汗以及渗出性胸膜炎的渗出期。

饮欲减退见于伴有昏迷的脑病及某些胃肠病。

二、呼吸系统

呼吸系统检查包括呼吸运动、上呼吸道及肺部听诊的检查。

（一）查呼吸运动

成年健康羊的呼吸次数为每分钟 20~30 次，当患发热性疾病、缺氧、中暑、胃肠道臌气、瘤胃积食等疾病时，呼吸次数可明显增加。某些脑疾病及代谢疾病时，呼吸次数也可减少。当胸腔有炎症（如胸膜炎）时，胸壁动作就不明显，而腹壁的起伏动作显著加强；当患腹膜炎或腹腔压力增大时，则呈现胸式呼吸。当呼吸道狭窄、不全阻塞或肺的呼吸面积减少，心力衰竭、循环障碍，红细胞数减少或血液中存在大量变形血红蛋白，有毒物质作用于呼吸中枢或使组织呼吸酶系统受抑制，中枢神经系统技能性障碍或器质性病变，均可造成呼吸困难。

（二）查上呼吸道

上呼吸道包括鼻、喉、气管，检查时应注意鼻液、咳嗽、喉的肿胀、敏感性及气管情况。

注意鼻液是浆液性的清鼻液，还是黏液性的或脓性的稠鼻液。上呼吸道及肺部的细菌感染，往往流浓稠鼻液。当鼻腔有羊鼻蝇幼虫寄生时，初期流清鼻液，以后变稠，有时混有血液。鼻液黏附在鼻孔周围可形成痂皮。

气管炎时常发生干咳，支气管炎、肺炎时常发生频咳。湿咳表明气管、支气管有稀薄痰液存在，干咳时无痰液或有少量浓稠痰液。在诊断过程中检查者可捏压患羊的第一、第二个气管软骨环或喉头，用这种人工刺激的方法往往可诱发咳嗽，以便判别咳嗽的频次、强度和性质。

注意喉有无肿胀、变形，喉及气管有无敏感疼痛反应，听诊喉与气管有无异常声音等。

（三）肺部听诊

在患呼吸系统疾病时，应特别注意仔细地听取肺部呼吸音的变化。

有疾病时，肺泡呼吸音增强，听诊时可听到明显的“夫夫”音。当病羊发热、支气管炎、支气管黏膜肿胀、呼吸中枢兴奋、局部肺组织代偿性呼吸加强时，可出现肺泡呼吸音增强和肺泡呼吸音过强。当患肺炎时，肺泡聚积炎性渗出物易使肺泡呼吸音减弱或消失。肺膨胀不全、呼吸肌麻痹、呼吸运动减弱、胸壁疼痛性疾病等，都可使肺泡呼吸音减弱。

健康羊仅在肺的 1/3 区可听到支气管呼吸音，如果在广大的肺区内都可听到支气管呼吸音，且肺泡呼吸音相对减弱，即为支气管呼吸音增强。当肺组织炎性浸润甚至发生实变时，肺泡呼吸音消失，而支气管仍畅通，可听到清晰的支气管呼吸音，如羊传染性胸膜肺炎。

当支气管发炎时分泌物黏稠或炎性水肿造成狭窄时，听到的类似笛音、哨音、“咝咝”声等粗糙而响亮的声音，即为干性啰音，常见于慢性支气管炎、支气管肺炎、肺线虫病等。

当支气管内有稀薄的分泌物时，随呼吸气流形成的类似漱口音、沸腾音或水泡破裂音，即为湿性啰音，常见肺水肿、肺充血、肺出血、各种肺炎和急慢性支气管炎等。

当肺泡内有少量液体存在时，肺泡随气流进出而张开、闭合，此时即产生一种细小、断续、大小相等而均匀，似用手指捻搓头发时所发出的声音，即为捻发音。肺实质发生病变时，如慢性肺炎、肺水肿等可出现这种呼吸音。

摩擦音类似粗糙的皮革互相摩擦时发出的断续性的声音。常见有两种情况：一种是发生在肺脏与胸膜之间称胸膜摩擦音。多见于纤维素性胸膜炎、胸膜结核等，此时胸膜发炎，有大量纤维素沉积，使胸膜变得粗糙，当呼吸运动时互相摩擦而发出声音；另一种是心包摩擦音，在纤维素性心包炎时，听诊心区，有伴随心脏跳动的摩擦声音。

三、心血管系统

心血管系统检查不仅可以诊断本系统的疾病，而且对了解全身机能状态，判定疾病预后，都有重要意义。对每一只病羊来说，都不应忽视本系统的检查。

（一）查心音

心脏的听诊区位于羊左侧肘突内的胸部。健康羊的心脏随着心脏的收缩和舒张，产生“嘣”第一心音和“咚”第二心音，第一心音低而钝、长，与第二心音的间隔时间较短，听诊心尖部清楚。第二心音高而锐、短，与第一心音的间隔时间较长，听诊心的基部明显。两个心音构成一次心搏动。听诊时要注意两个心音的强度、节律、性质有无异常。当第一、第二心音均增强时，见于热性病的初期；第一、第二心音均减弱时，见于心脏机能障碍的后期或患有渗出性胸膜炎、心包炎；在第一心音增强，并伴有明显的心搏动增强和第二心音的减弱，这主要见于心力衰竭的晚期；单纯第二心音强，见于肺气肿、肺水肿和肾炎等病理过程。如在以上两种心音以外，听到其他杂音，如摩擦音、拍水音和产生第三心音（又称奔马调），多因胸膜炎、创伤性心包炎和瓣膜疾病所致。

（二）查脉搏

常在羊的颌外动脉或股动脉处触诊到羊的脉搏，为每分钟80~120次，怀孕后期及羔羊会更快些，脉搏数每分钟少于40次是邻近死亡的标志。通常在心肌炎初期、发热和疼痛性疾病时其脉搏数会有所增加，在羊患心脏传导性和兴奋性降低的疾病时，其脉搏数可能会减少。

四、泌尿生殖系统

本系统主要包括尿液、肾脏、生殖器的检查。

（一）查尿液

当发现病羊排尿失禁时，无排尿姿势，不自主地流出尿液，多见于膀胱括约肌麻痹；如若排尿时表现痛苦不安，回头顾腹、摇头摆尾，提示尿道有急性炎症；如果排尿时除有疼痛症状外，还兼有尿液呈滴状或排不出时，多见于公羊的尿结石；如果羊只尿液变为红色，多是尿道有出血或是红细胞大量破坏而导致的血红蛋白尿；如果尿液混浊，有时呈乳白色，多为急性肾炎或化脓性肾盂肾炎。

（二）查肾脏

用双手在肾区自下向上抬举，观察有无敏感反应，并用双手触摸肾脏有无肿大、脓肿等情况。若发现尿液中有蛋白质、潜血等，多提示肾脏病变。

（三）查生殖器

当怀疑有生殖道疾病时，应详细注意阴道分泌物及子宫排出物的颜色、气味，借此来分析子宫卵巢的状况。当子宫水肿、子宫积脓、卵巢囊肿非常显著时，可以通过腹外触诊来触及。

第三节　羊的尸体剖检技术

羊的尸体剖检，通常采取左侧卧位，以便于取出约占腹腔 3/4 的瘤胃。

一、外部检查

外部检查包括检查畜别、品种、年龄、性别、毛色、营养状态、皮肤和可视黏膜以及部分 P 体征象等。

二、体腔的剖开与内脏的采出

（一）剥皮

将尸体仰卧，自下颌部起沿腹部正中线切开皮肤，至脐部后把切线分为两条，绕开生殖器或乳房，最后于尾根部会合。再沿四肢内侧的正中线切开皮肤，到球节作一环形切线，然后剥下全身皮肤。传染病尸体一般不剥皮。在剥皮过程中，应注意检查皮下的变化。

（二）切离前、后肢

为了便于内脏的检查与摘出，先将羊右侧前、后肢切离。切离的方法是将前肢或后肢向背侧牵引，切断肢内侧肌肉、关节囊、血管、神经和结缔组织，再切离其外、前、后3方面肌肉即可取下。

（三）腹腔脏器的采出

1.切开腹腔

先将母畜乳房或公畜外生殖器从腹壁切除，然后从肷窝沿肋弓切开腹壁至剑状软骨，再从肷窝沿髂骨体切开腹壁至耻骨前缘。注意不要刺破肠管，造成粪水污染。

切开腹腔后，检查有无肠变位、腹膜炎、腹水或腹腔积血等异常。

2.腹腔器官采出

剖开腹腔后，在剑状软骨部可见到网胃，右侧肋骨后缘部为肝脏、胆囊和皱胃，右肷部可见盲肠，其余脏器均被网膜覆盖。因此，为了采出羊的腹腔器官，应先将网膜切除，并依次采出小肠、大肠、胃和其他器官。

（1）切取网膜。检查网膜的一般情况，然后将两层网膜撕下。

（2）小肠的采出。提起羊盲肠的盲端，沿盲肠体向前，在三角形的回盲韧带处分离一段回肠，在距盲肠约15厘米处作双重结扎，从结扎间切断。再抓住回肠断端向身前牵引，使肠系膜呈紧状态，在接近小肠部切断肠系膜。由回肠向前分离至十二指肠空肠曲，再作双重结扎，于两结扎间切断，即可取出全部小肠。采出小肠的同时，要边切边检查肠系膜和淋巴结等有无变化。

（3）大肠的采出。先在骨盆口找出直肠，将直肠内粪便向前挤压并在直肠末端作一次结扎，并在结扎后方切断直肠。抓住直肠断端，由后向前分离直肠系膜至前肠系膜根部。再把横结肠、升结肠与十二指肠回行部之间的联系切断。最后切断前肠系膜根部的血管、神经和结缔组织，可取出整个大肠。

（4）羊胃、十二指肠和脾的采出。先将胆管、胰管与十二指肠之间的联系切断，然后分离十二指肠系膜。将瘤胃向后牵引，露出食管，并在末端结扎切断。再用力向后下方牵引瘤胃，用刀切离瘤胃与背部联系的组织，切断脾膈韧带，将羊的胃、十二指肠及脾脏同时采出。

（5）胰、肝、肾和肾上腺的采出。胰脏可从左叶开始逐渐切下或将胰脏附于肝门部和肝脏一同取出，也可随腔动脉、肠系膜一并采出。

肝脏采出，先切断左叶周围的韧带及后腔静脉，然后切断右叶周围的韧带、门静脉和肝动脉（勿伤右肾），便可采出肝脏。

采出肾脏和肾上腺时，首先应检查输尿管的状态，然后先取左肾，即沿腰肌剥离其周围的脂肪囊，并切断肾门处的血管和输尿管，采出左肾。右肾用同样方法采出。肾上腺可与肾脏同时采出，也可单独采出。

（四）胸腔脏器的采出

1. 锯开胸腔

锯开胸腔之前，应先检查肋骨的高低及肋骨与肋软骨结合部的状态。然后将膈的左半部从季肋部切下，用锯把左侧肋骨的上下两端锯断，只留第一肋骨，即可将左胸腔全部暴露。

锯开胸腔后，应注意检查左侧胸腔液的量和性状，胸膜的色泽，有无充血、出血或粘连等。

2. 心脏的采出

先在心包左侧中央作“十”字形切口，将手洗净，把食指和中指插入心包腔，提取心尖，检查心包液的量和性状；然后沿心脏的左侧纵沟左右各 1 厘米处，切开左、右心室，检查血量及其性状；最后将左手拇指和食指分别伸入左、右心室的切口内，轻轻提取心脏，切断心基部的血管，取出心脏。

3. 肺脏的采出

先切断纵膈的背侧部，检查胸腔液的量和性状；然后切断纵膈的后部；最后切断胸腔前部的纵膈、气管、食管和前腔动脉，并在气管轮上做一小切口，将食指和中指伸入切口牵引气管，将肺脏取出。

4. 腔动脉的采出

从前腔动脉至后腔动脉的最后分支部，沿胸椎、腰椎的下面切断肋间动脉，即可将腔动脉和肠系膜一并采出。

（五）骨盆腔脏器的采出

先锯断髂骨体，然后锯断耻骨和坐骨的髋臼支，除去锯断的骨体，盆腔即暴露。用刀切离直肠与盆腔上壁的结缔组织。母羊还应切离子宫和卵巢，再由盆腔下壁切离膀胱颈、阴道及生殖腺等，最后切断附着于直肠的肌肉，将肛门、阴门做圆形切离，即可取出骨盆腔脏器。

（六）口腔及颈部器官的采出

先切断咬肌，再在下颌骨的第一臼齿前，锯断左侧下颌支；再切断下颌支内面的肌肉和后缘的腮腺、下颌关节的韧带及冠状突周围的肌肉，将左侧下颌支取下；然后用左手握住舌头，切断舌骨支及其周围组织，再将喉、气管和食管的周围组织切离，直至胸腔入口处，即可采出口腔及颈部器官。

（七）颅腔的打开与脑的采出

1. 切断头部

沿环枕关节切断颈部，使头与颈分离，然后除去下颌骨体及右侧下颌支，切除颅顶部附着的肌肉。

2. 取脑

先沿两眼的后缘用锯横行锯断，再沿两角外缘与第一锯相接锯开，并于两角的中间纵锯一正中线，然后两手握住左右两角，用力向外分开，使颅顶骨分成左右两半，这样脑即取出。

（八）鼻腔的锯开

沿鼻中线两侧各一厘米纵行锯开鼻骨、额骨，暴露鼻腔、鼻中隔、鼻甲骨及鼻窦。

（九）脊髓的采出

剔去椎弓两侧的肌肉，凿（锯）断椎体，暴露椎管，切断脊神经，即可取出脊髓。

上述各体腔的打开和内脏的采出，是系统剖检的程序。在实际工作中，可根据生前的病性，进行重点剖检，适当地改变或取舍某些剖检程序。

三、某些组织器官检查要点

1. 皮下检查

在剥皮过程中进行，要注意检查皮下有无出血、水肿、脱水、炎症和脓肿，并观察皮下脂肪组织的多少、颜色、性状及病理变化性质等。

2. 淋巴结

要特别注意颌下淋巴结、颈浅淋巴结、髂下淋巴结、肠系膜淋巴结、肺门淋巴结等的检查。注意检查其大小、颜色、硬度，与其周围组织的关系及横切面的变化。

3. 肺脏

首先注意其大小、色泽、重量、质度、弹性、有无病灶及表面附着物等。然后用剪刀将支气管剪开，注意检查支气管黏膜的色泽、表面附着物的数量、黏稠度。最后将整个肺脏纵横切割数刀，观察切面有无病变，切面流出物的数量、色泽变化等。

4. 心脏

先检查心脏纵沟、冠状沟的脂肪量和性状，有无出血。然后检查心脏的外形、大小、色泽及心外膜的性状。最后切开心脏检查心腔。沿左侧纵沟切开右心室及肺动脉，同样再切开左心室及主动脉。检查心腔内血液的性状，心内膜、心瓣膜是否光滑，有无变形、增厚，心肌的色泽、质度，心壁的厚薄等。

5. 脾脏

脾脏摘出后，注意其形态、大小、质度；然后纵行切开，检查脾小梁、脾髓的颜色，红、白髓的比例，脾髓是否容易刮脱。

6. 肝脏

先检查肝门部的动脉、静脉、胆管和淋巴结。然后检查肝脏的形态、大小、色泽、包膜性状，有无出血、结节、坏死等。最后切开肝组织，观察切面的色泽、质度和含血量等情况。注意切面是否隆突，肝小叶结构是否清晰，有无脓肿、寄生虫性结节和坏死等。

7. 肾脏

先检查肾脏的形态、大小、色泽和质度，然后由肾的外侧面向肾门部将肾脏纵切为相等的两半，检查包膜是否容易剥离，肾表面是否光滑，皮质和髓质的颜色、质度、比例、结构，肾盂黏膜及肾盂内有无结石等。

8. 胃的检查

检查胃的大小、质度，浆膜的色泽，有无粘连，胃壁有无破裂和穿孔等。

反刍动物胃的检查，特别要注意网胃有无创伤，是否与膈相粘连。如果没有粘连，可将瘤胃、网胃、瓣胃、皱胃之间的联系分离，使四个胃展开。然后沿皱胃小弯与瓣胃、网胃之大弯剪开；瘤胃则沿背缘和腹缘剪开，检查胃内容物及黏膜的情况。

9. 肠管的检查

从十二指肠、空肠、回肠、盲肠、结肠、直肠分段进行检查。在检查时，先检查肠管浆膜面的情况。然后沿肠系膜附着处剪开肠腔，检查肠内容物及黏膜情况。

10. 骨盆腔器官的检查

公畜生殖系统的检查，从腹侧剪开膀胱、尿管、阴茎，检查输尿管开口及膀胱、尿道黏膜，尿道中有无结石，包皮、龟头有无异常分泌物；切开睾丸及副性腺检查有无异常。母畜生殖系统的检查，沿腹侧剪开膀胱，沿背侧剪开子宫及阴道，检查黏膜、内腔有无异常；检查卵巢形状，卵泡、黄体的发育情况，输卵管是否扩张等。

11. 脑的检查

打开颅腔之后，先检查硬脑膜有无充血、出血和淤血。然后切开大脑，检查脉络丛的性状和脑室有无积水。最后横切脑组织，检查有无出血及溶解性坏死等变化。

第四节　羊病的实验室诊断方法

一、病料的采集、保存和运送

羊群发生疑似传染病时，应采取病料送有关诊断实验室检验。病料的采取、保存和运送是否正确，对疾病的诊断至关重要。

（一）病料的采集

1. 剖检前检查

凡发现羊急性死亡时，必须先用显微镜检查其末梢血液抹片中有无炭疽杆菌存在。如怀疑是炭疽，则不可随意剖检，只有在确定不是炭疽时，方可进行剖检。

2. 取材时间

内脏病料的采取，须于死亡后立即进行，最好不超过 6 小时。否则时间过长，由于肠内侵入其他细菌，易使尸体腐败，影响病原微生物检出的准确性。

3. 器械助消毒

刀、剪、镊子、注射器、针头等应煮沸 30 分钟。器皿（玻璃制、陶制、珐琅制等）可用高压灭菌或干烤灭菌。软木塞、橡皮塞置于 0.5% 苯酚溶液中煮沸 10 分钟。采取 1 种病料，使用 1 套器械和容器，不可混用。

4. 病料采集

应根据不同的传染病，相应地采取该病常受侵害的脏器或内容物。如败血性传染病可采取心、肝、脾、肺、肾、淋巴结、胃、肠等；肠毒血症采取小肠及其内容物；有神经症状的传染病采取脑、脊髓等。如无法判定是哪种传染病，可进行全面采取。检查血清抗体时，采取血液，凝固后析出血清，将血清装入灭菌小瓶中送检。为了避免杂菌污染，对病变的检查应待病料采取完毕后再进行。供显微镜检查用的脓、血液及黏液抹片，可按下述推片固定法制作：先将材料置于载玻片上，再用灭菌玻棒均匀涂抹或以另一玻片一端的边缘与载玻片成45°角推抹之；用组织块作触片时，可持小镊将组织块的游离面在载玻片上轻轻涂抹即可。做成的抹片、触片，包扎，载玻片上应注明号码，并另附说明。

（二）病料的保存

病料采取后，如不能立即检验，或需送往有关单位检验，应当装入容器并加入适量的保存剂，使病料尽量保持新鲜状态。

1. 细菌检验材料的保存

将脏器组织块保存于装有饱和氯化钠溶液或30%甘油缓冲盐水的容器中，容器加塞封固。病料如为液体，可装在封闭的毛细玻管或试管中运送。饱和氯化钠溶液的配制方法是：蒸馏水100毫升、氯化钠38~39克，充分搅拌溶解后，用数层纱布过滤，高压灭菌后备用。30%甘油缓冲盐水溶液的配制方法是：中性甘油30毫升、氯化钠0.5克、碱性磷酸钠1克，加蒸馏水至100毫升，混合后高压灭菌备用。

2. 病毒检验材料的保存

将脏器组织块保存于装有50%甘油缓冲盐水或鸡蛋生理盐水的容器中，容器加塞封固。50%甘油缓冲盐水溶液的配制方法是；氯化钠2.5克、酸性磷酸钠0.46克、碱性磷酸钠10.74克，溶于100毫升中性蒸馏水中，加纯中性甘油150毫升、中性蒸馏水50毫升，混合分装后，高压灭菌备用。鸡蛋生理盐水的配制方法是：先将新鲜鸡蛋表面用碘酒消毒，然后打开将内容物倾入灭菌容器内，按全蛋9份加入灭菌生理盐水1份，摇匀后用灭菌纱布过滤，再加热至56~58℃，持续30分钟，第二天及第三天按上法再加热1次，即可应用。

3. 病理组织学检验材料的保存

将脏器组织块放入 10% 福尔马林溶液或 95% 酒精中固定；固定液的用量应为送检病料的 10 倍以上。如用 10% 福尔马林溶液固定，应在 24 小时后换新鲜溶液 1 次。严寒季节为防病料冻结，可将上述固定好的组织块取出，保存于甘油和 10% 福尔马林等量混合液中。

（三）病料的运送

装病料的容器要一一标号，详细记录，并附病料送检单。病料包装要求安全稳妥，对于危险材料、怕热或怕冻的材料要分别采取措施。一般供病原学检验的材料怕热，供病理学检验的材料怕冻。前者应放入加有冰块的保温瓶内送检，如无冰块，可在保温瓶内放入氯化铝 450~500 克，加水 1 500 毫升，上层放病料，这样能使保温瓶内保持 0℃达 24 小时。包装好的病料要尽快运送，长途以空运为宜。

二、细菌学检验

（一）涂片镜检

将病料涂于清洁无油污的载玻片上，干燥后在酒精灯火焰上固定，选用单染色法（如美蓝染色法）、革兰氏染色法、抗酸染色法或其他特殊染色法染色镜检，根据所观察到的细菌形态特征，作出初步诊断或确定进一步检验的步骤。

（二）分离培养

根据所怀疑传染病病原菌的特点，将病料接种于适宜的细菌培养基上，在一定温度（常为 37℃）下进行培养，获得纯培养苗后，再用特殊的培养基培养，进行细菌的形态学、培养特征、生化特性、致病力和抗原特性鉴定。

（三）动物试验

用灭菌生理盐水将病料做成 1∶10 悬液，或利用分离培养获得的细菌液感染实验动物，如小白鼠、大白鼠、豚鼠、家兔等。感染方法可用皮下、肌内、腹腔、静脉或脑内注射。感染后按常规隔离饲养管理，注意观察，有时还须对某种实验动物测量体温；如有死亡，应立即进行剖检及细菌学检查。

三、病毒学检验

（一）样品处理检验

病毒的样品，要先除去其中的组织和可能污染的杂菌。其方法是以无菌手段取出病料组织，用磷酸缓冲液反复洗涤 3 次，然后将组织剪碎、研细，加磷酸缓冲液制成 1∶10 悬液（血液或渗出液可直接制成 1∶10 悬液）。以每分钟 2 000~3 000 转的速度离心沉淀 15 分钟，取出上清液，每毫升加入青霉素和链霉素各 1 000 单位，置冰箱中备用。

（二）分离培养

病毒不能在无生命的细菌培养基上生长，因此，要把样品接种到鸡胚或细胞培养物上进行培养。对分离到的病毒，用电子显微镜检查、血清学试验及动物试验等方法进行理化学和生物学特性的鉴定。

（三）动物实验

将上述方法处理过的待检样品或经分离培养得到的病毒液，接种易感动物，其方法与细菌学检验中的动物实验相同。

四、寄生虫病检验

羊寄生虫病的种类很多，但其临床症状除少数外都不够明显。因此，羊寄生虫病的生前诊断往往须要进行实验室检验。常用的方法有以下几种。

（一）粪便检查

羊患了蠕虫病以后，其粪便中可排出蠕虫的卵、幼虫、虫体及其片段，某些原虫的卵囊、包囊也可通过粪便排出。因此，粪便检查是寄生虫病生前诊断的一个重要手段。检查时，粪便应从羊的直肠挖取或用刚刚排出的粪便。检查粪便中虫卵常用的方法如下。

1. 直接涂片法

在洁净无油污的载玻片上滴 1~2 滴清水，用火柴棒蘸取少量粪便放入其中，涂匀，剔去粗渣，盖上盖玻片，置于显微镜下检查。此法快速简便，但检出率很低，最好多检查几个标本。

2. 漂浮法

取羊粪 10 克，加少量饱和盐水，用小棒将粪球捣碎，再加几倍量的饱和盐水搅匀，以 60 目铜筛过滤，静置 30 分钟。用直径 5~10 毫米的铁丝圈，与液面平行接触，蘸取表面液膜，抖落于载玻片上并覆盖盖玻片，置于显微镜下检查。该法能查出多数种类的线虫卵和一些绦虫卵，但对相对密度大于饱和盐水的吸虫卵和棘头虫卵，效果不大。

3. 沉淀法

取羊粪 5~10 克，放在 200 毫升容量的烧杯内，加入少量清水，用小棒将粪球捣碎，再加 5 倍量的清水调制成糊状，用 60 目铜筛过滤，静置 15 分钟，弃去上清液，保留沉渣。再加满清水。静置 15 分钟，弃去上清液，保留沉渣。如此反复 3~4 次，最后将沉渣涂于载玻片上，置显微镜下检查。此法主要用于诊断虫卵相对密度大的羊吸虫病。

（二）虫体检查

1. 蠕虫虫体检查

将羊粪数克盛于盆内，加 10 倍量生理盐水，搅拌均匀，静置沉淀 20 分钟，弃去上清液。再于沉淀物中重新加入生理盐水，搅匀，静置后弃去上清液；如此反复 2~3 次。最后取少量沉淀物置于黑色背景上，用放大镜寻找虫体。

2. 蠕虫幼虫检查法

取羊粪球 3~10 个，放在平皿内，加入适量 40℃的温水，10~15 分钟后取出粪球，将留下的液体放在低倍显微镜下检查。蠕虫幼虫常集中于羊粪球表面，易于从粪球表面转移到温水中而被检查出来。

3. 螨检查法

在动物患部，先去掉干硬面皮，然后用小刀刮取一些皮屑，放在烧杯内，加适量的10%氢氧化钾溶液，微微加温，20分钟后持皮屑溶解，取沉渣镜检。

五、血常规检查

目前血常规检验已成为兽医临床医生最常用的实验室诊断手段之一。血常规检验是指对血液中有形成分如红细胞、白细胞、血小板等指标进行质和量的分析，也是为动物血液病及相关系统疾病的诊断和鉴别提供重要信息的途径之一。临床上可使用血常规分析仪进行检测，具有重复强、方便、快捷、高效等特点。

第五节　羊病的治疗技术

一、保　定

在了解羊的习性的基础上，视个体情况，尽可能在其自然状态进行检查。必要时，可采取一定的保定措施，以便于检查和处理，保证人、畜安全。接近羊只时，要胆大、心细、温和、注意安全。检查者应先向其发出欲接近的信号，然后从其侧前方徐徐接近。接近后，可用手轻轻抚摸其颈部或臀部，使其保持安静、温顺状态。

（一）物理保定法

1. 握角骑跨夹持保定法

保定者两手握住羊的两角或头部，骑跨羊身，以大腿内侧夹持羊两侧胸壁即可保定。适用于临床检查或治疗时的保定，见图1–1。

2. 两手围抱保定法

保定者从羊胸侧用两手分别围抱其前胸或股后部加以保定。羔羊保定时，保定者坐着抱住羔羊，羊背向保定者，头朝上，臀部向下，两手分别握住前后肢。适用于一般检查或治疗时的保定，见图1–2。

图 1–1　握角骑跨夹持保定法

图 1–2　两手围抱保定法

3. 侧卧保定法

保定大羊时，保定者俯身从对侧一手抓住两前肢系部或一前肢臂部，另一手抓住腹肋部膝襞处扳倒羊体。然后，另一手改为抓住两后肢系部，前后一起按住即可。为了保定牢靠，可用绳将四肢捆绑在一起。适用于治疗或简单手术时的保定，见图 1–3。

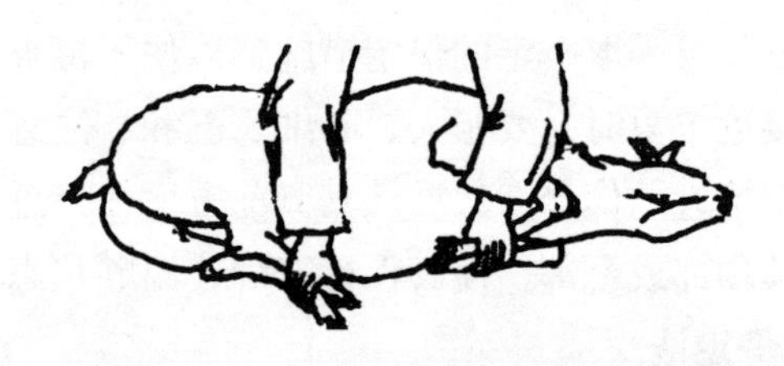

图 1–3　侧卧保定法

4. 倒立式保定法

保定者骑跨在羊颈部，面向后，两腿夹紧羊体，弯腰手将两后肢提起。适用于阉割、后躯检查等。

根据不同的检查需要，也可以采取单人徒手保定法（图 1–4）、双人徒手保定法（图 1–5）、栏架保定法（图 1–6）和手术床保定法（图 1–7）等。

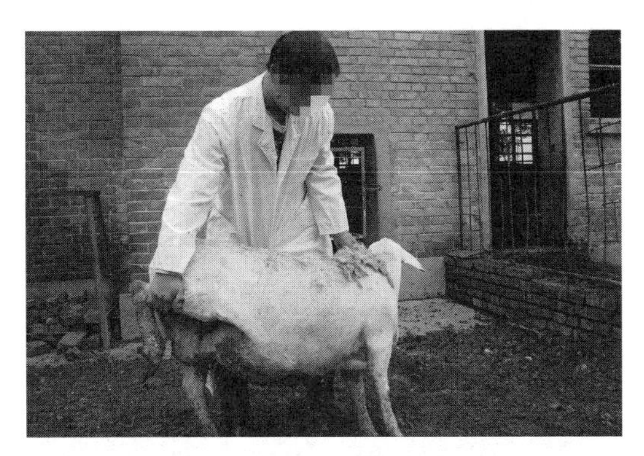

图 1-4　单人徒手保定法

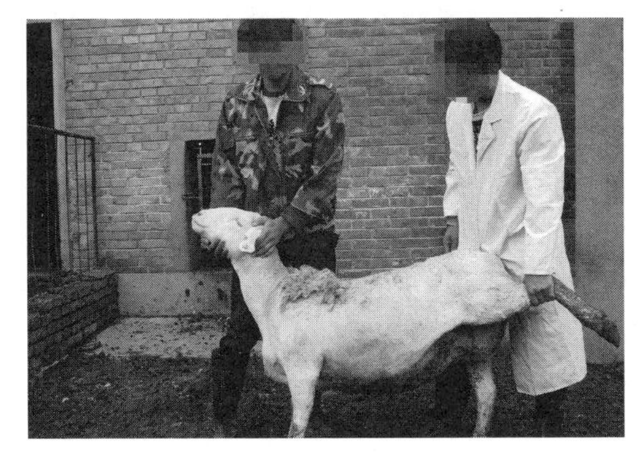

图 1-5　双人徒手保定法

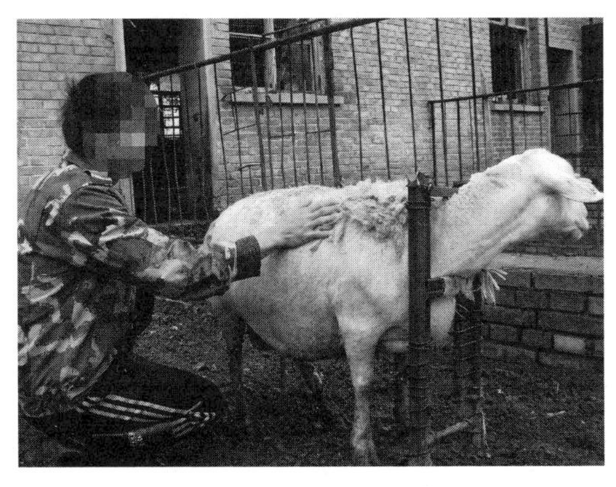

图 1-6　栏架保定法

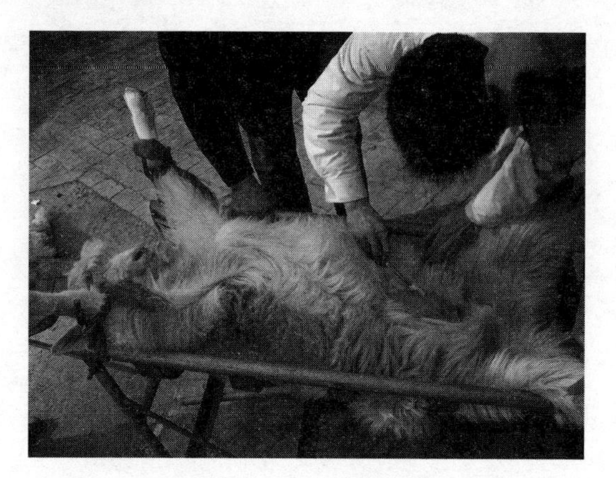

图 1-7　手术床保定法

（二）化学保定法

又称化学药物麻醉保定法，指应用化学试剂，使动物暂时失去运动能力，以便人们对其接近捕捉、运输和诊治的一种保定方法。羊常用的药物和剂量（毫克 / 千克体重）为：静松灵 1.3~3.0，氯胺酮 20.0~40.0，司可林（氯化琥珀胆碱）2.0。化学保定剂一般作肌内注射，剂量一定要计算准确。

二、注　射

注射法是将灭过菌的液体药物，用注射器注入羊的体内。注射前，要将注射器和针头用清水洗净，煮沸 30 分钟。注射器吸入药液后要直立推进注射器活塞排出管内气泡，准备注射。

（一）皮下注射

把药液注射到羊的皮肤和肌肉之间。羊的注射部位是在颈部或股内侧皮肤松软处。注射时，先把注射部位的毛剪净，涂上碘酒，用左手捏起注射部位皮肤，右手持注射器，将针头斜向刺入皮肤，如针头能左右自由活动，即可注入药液；注毕拔出针头，在注射点上涂擦碘酒。凡易于溶解又无刺激性的药物及疫苗等，均可进行皮下注射。

（二）肌内注射

将灭菌的药液注入肌肉比较多的部位。羊的注射部位是在颈部。注射方法基本上与皮下注射相同，不同之处是，注射时以左手拇、食指成“八”字形压住所要注射部位的肌肉，右手持注射器将针头向肌肉组织内垂直刺入，即可注药（图 1–8）。一般刺激性小、吸收缓慢的药液，如青霉素等，均可采用肌内注射。

图 1–8　肌内注射

（三）静脉注射

将灭菌的药液直接注射到静脉内，使药液随血流很快分布到全身，迅速发生药效。羊的注射部位是颈静脉。注射方法是将注射部位的毛剪净，涂上碘酒，先用左手按压静脉靠近心脏的一端，使其怒张，右手持注射器，将针头向上刺入静脉内，如有血液回流，则表示已插入静脉内，然后用右手推动活塞，将药液注入；药液注射完毕后，左手按住刺入孔，右手拔针，在注射处涂擦碘酒即可。如药液量大，也可使用静脉输入器，其注射分两步进行：先将针头刺入静脉，再接上静脉输入器。凡输液（如生理盐水、葡萄糖溶液等）以及药物刺激性大，不宜皮下或肌内注射的药物如九一四、氯化钙等，多采用静脉注射（图 1–9）。

图 1-9　静脉注射

（四）气管注射

将药液直接注入气管内。注射时，多取侧卧保定，且头高臀低；将针头穿过气管软骨环之间，垂直刺入，摇动针头，若感觉针头确已进入气管，接上注射器，抽动活塞，见有气泡，即可将药液缓缓注入。如欲使药液流入两侧肺中，则应注射两次，第二次注射时，须将羊翻转，卧于另一侧。本法适用于治疗气管、支气管和肺部疾病，也常用于肺部驱虫（如羊肺线虫病）。

（五）皮下注射

主要用于皮内变态反应诊断，常在羊的颈部两侧部位，局部剪毛，碘酊消毒后，使用小号针头，以左手大拇指和食指、中指绷紧皮肤，右手持注射器，使针头几乎与注射部位的皮面呈平行方向刺入，至针头斜面完全进入皮内后，放松左手，以针头与针筒交接处压迫固定针头，右手注入药液，至皮肤表面形成一个小圆形丘疹即可。

（六）瘤胃穿刺注药法

当羊发生瘤胃臌气时可采用本法。穿刺部位是在左肷窝中央臌气最高的部位。其方法为局部剪毛，碘酒消毒，将皮肤稍向上移，然后将套管针或普通针头垂直地或朝右肘头方向刺入皮肤及瘤胃壁，气体即从针头排出，然后拔出针头，碘酒消毒即可。必要时可从套管针孔注入防腐剂或消沫药。

三、给 药

（一）口服给药法

1. 混饲给药

将药物均匀混入饲料中，让羊吃料时能同时吃进药物。此法简便易行，适用于长期投药，不溶于水的药物用此法更为恰当。应用此法时要注意药物与饲料的混合必须均匀，并应准确掌握饲料中药物所占的比例。为保证均匀混合，可先把所需药物混入少量饲料中（图1–10），然后把这些饲料再混入全部饲料中，用铁锨反复拌匀（图1–11）。有些药适口性差，混饲给药时要少添多喂。

图 1–10 把药物拌入少量饲料中

图 1–11 大堆饲料反复掺拌

2. 混水给药

将药物溶解于水中，让羊只自由饮用（图 1–12）。有些疫苗也可用此法投服。对患病不能进食但还能饮水的羊，此法尤其适用。采用此法须注意根据羊可能饮水的量，来计算药量与药液浓度。在给药前，一般应停止饮水半天，以保证每只羊都能饮到一定量的水。所用药物应易溶于水。有些药物在水中时间长了破坏变质，此时应限时饮用药液，以防止药物失效。

图 1–12　药物混水

3. 长颈瓶给药法

当给羊灌服稀药液时，可将药液倒入细口长颈的玻璃瓶、塑料瓶或一般的酒瓶中，抬高羊的嘴巴，给药者右手拿药瓶，左手用食、中

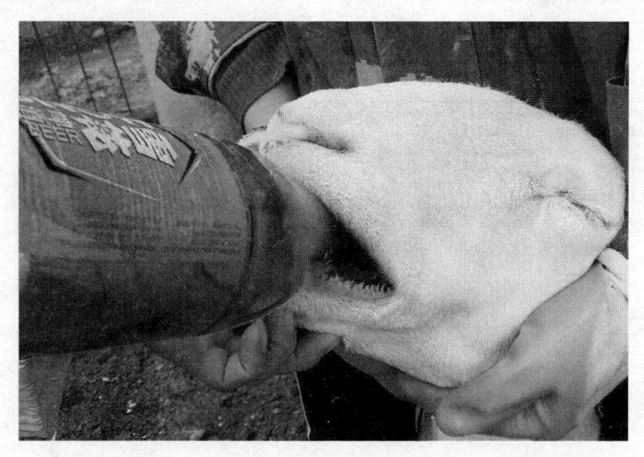

图 1–13　长颈瓶给药

二指自羊右口角伸入口内，轻轻压迫舌头，羊口即张开。然后，右手将药瓶口从左口角伸入羊口中，并将左手抽出，待瓶口伸到舌头中段，即抬高瓶底，将药液灌入（图 1–13）。

4. 药板给药法

专用于给羊服用舔剂。舔剂不流动，在口腔中不会向咽部滑动，因而不致发生误咽。给药时，用竹制或木制的药板。给药者站在羊的右侧，左手将开口器放入羊口中，右手持药板，用药板前部刮取药物，从右口角伸入口内到达舌根部，将药板翻转，轻轻按压，并向后抽出，把药抹在舌根部，待羊下咽后，再抹第二次，如此反复进行，直到把药给完。

（二）胃管给药法

1. 经鼻腔插入

先将胃管插入鼻孔，沿下鼻道慢慢送入，到达咽部时，有阻挡感觉，待羊进行吞咽动作时趁机送入食道，如不吞咽，可轻轻来回抽动胃管，诱发吞咽。胃管通过咽部后，如进入食道，继续深送会感到稍有阻力，这时要向胃管内用力吹气，如见左侧颈沟有起伏，表示胃管已进入食道。如胃管误入气管，多数羊会表现不安，咳嗽，继续深送，毫无阻力，向胃管吹气，左侧颈沟看不到波动，用手在左侧颈沟胸腔入口处摸不到胃管，同时胃管末端有与呼吸一致的气流出现。此时应将胃管抽出，重新插入。如胃管已入食道，继续深送，即可到达胃内，此时从胃管内排出酸臭气味，将胃管放低时则流出胃内容物。

2. 经口腔插入

先装好木质开口器，用绳固定在羊头部，将胃管通过木质开口器的中间孔，沿上腭直插入咽部，借吞咽动作胃管可顺利进入食道，继续深送，胃管即可到达胃内。胃管插入正确后，即可接上漏斗灌药。药液灌完后，再灌少量清水，然后取掉漏斗，往胃管内吹气，使胃管内残留的液体完全入胃，然后折叠胃管，慢慢抽出。该法适用于灌服大量水剂及有刺激性的药液。患有咽炎、咽喉炎和咳嗽严重的病羊，不可用胃管灌药。

四、药　浴

药浴是羊饲养管理上的一项重要工作。为预防和驱除羊体外寄生虫，避免疥癣发生，每年应在羊剪毛后10天左右，彻底药浴1次。

（一）常用的药浴液

敌百虫（2%溶液）、速灭杀丁（80~200毫克/升）、溴氰菊酯（50~80毫克/升），也可用石硫合剂（生石灰7.5千克、硫黄粉末12.5千克，加水150千克拌成糊状、煮沸，边煮边拌，煮至浓茶色为止，沥去沉渣，取上清液加温水500千克即可）。也可用50%的锌硫磷乳油，这是一种新的低毒高效农药，效果很好。配制方法是，100千克水加50克锌硫磷乳油，有效浓度为0.05%，水温为25~30℃，洗羊1~2分钟。每50克乳油可药浴14只羊，第一次洗过后1周，再洗1次即可。

（二）药浴方法

1. 盆浴

盆浴的器具可用木桶或水缸等，先按要求配制好浴液（水温在30℃左右）。药浴时，最好由两人操作，一人抓住羊的两前肢，另一人抓住羊的两后肢，让羊腹部向上。除头部外，将羊体在药液中浸泡2~3分钟；然后，将头部急速浸2~3次，每次1~2秒即可。

2. 池浴

此方法需在特设的药浴池里进行，见图1-14。最常用的药浴池为水泥建筑的沟形池，进口处为一广场，羊群药浴前集中在这里等候。由广场通过一狭道至浴池，使羊缓缓进入。浴池进口做成斜坡，羊由此滑入，慢慢通过浴池。池深1米多，长10米，池底宽30~60厘米，上宽60~100厘米，羊只能通过而不能转身即可。药浴时，人站在浴池两边，用压扶杆控制羊，勿使其漂浮或沉没。羊群浴后应在出口处（出口处为一倾向浴池的斜面）稍作停留，使羊身上流下的药液可回流到池中（图1-15）。

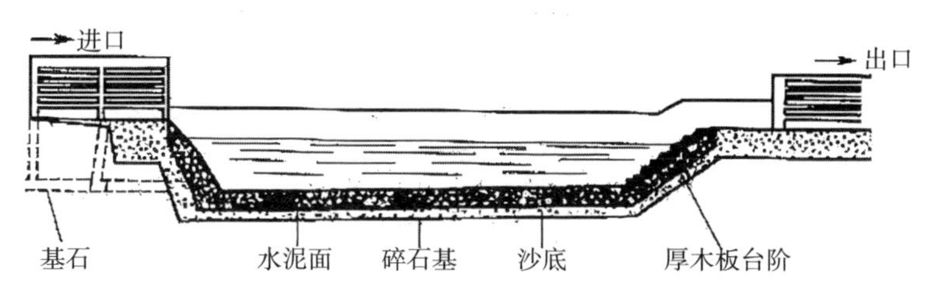

图 1-14　羊药浴池纵剖面示意

图 1-15　羊只通过药浴池

3. 淋浴

在特设的淋浴场进行，优点是容量大、速度快、比较安全（图 1-16）。淋浴前先清洗好淋浴场，并检查确保机械运转正常即可试淋。淋浴时，把羊群赶入淋浴场，开动水泵喷淋。经 3 分钟左右，全部羊只都淋透全身后关闭水泵。将淋过的羊赶入滤液栏中，经 3~5 分钟后放出。池浴和淋浴适用于有条件的羊场和大的专业户；盆浴则适于养羊少，羊群不大的养羊户使用。

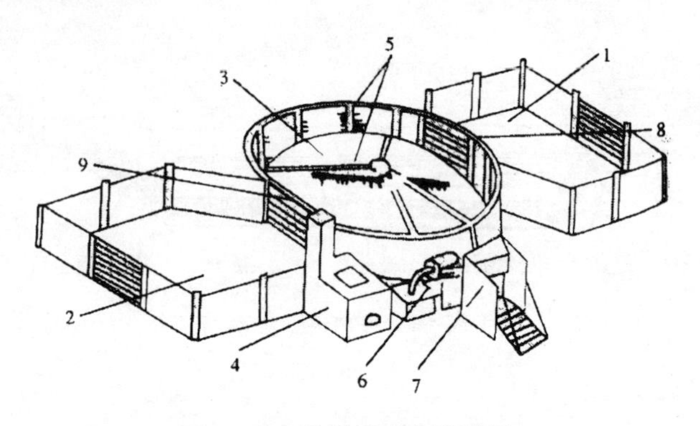

图 1–16　羊淋浴式药浴装置

1. 未浴羊栏　2. 已浴羊栏　3. 药浴淋场　4. 炉灶及加热水箱　5. 喷头　6. 离心式水泵　7. 控制台　8. 药浴淋场入口　9. 药浴淋场出口

五、灌　肠

灌肠是将药物配成液体，直接灌入直肠内（图 1–17）。羊可用小橡皮管灌。先将直肠内的粪便清除，然后在橡皮管前端涂上凡士林、插入直肠内，把连接橡皮管的盛药容器提高到羊的背部以上。灌肠完毕后，拔出橡皮管，用手压住肛门或拍打尾根部，灌肠的温度，应与体温一致。

图 1–17　直肠给药

六、去　势

凡不作种用的公羔在出生后 2~3 周应去势，给羊去势的方法大体有 4 种。

（一）手术切除法

操作时将公羔半仰半蹲地保定在木凳上，用左手将羊的睾丸挤到其阴囊底部，右手持消过毒的手术刀在羊的阴囊底部做一切口，切口长度以能挤出睾丸为度，轻轻挤出两侧睾丸，撕断精索。也可以在羊阴囊的侧下方切口，挤出一侧睾丸后将阴囊的纵膈从内部切开，再挤出另一侧睾丸，然后将伤口用碘酊消毒或撒上磺胺粉，让其自愈。

（二）结扎法

先将公羔的睾丸挤到阴囊底部，然后用橡皮筋或细绳将阴囊的上部紧紧扎住，以阻断血液流通。经过 10~15 天，其睾丸及阴囊便自行萎缩脱落。此法简单易行、无出血、无感染。

（三）去势钳法

使用专用的去势钳（图 1–18）在公羔的阴囊上部将精索夹断，睾丸便逐渐萎缩。该方法快速有效，但操作者要有一定的经验。

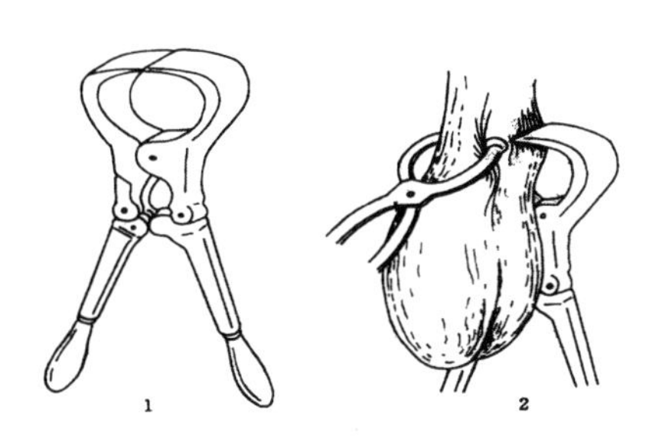

图 1–18　去势钳法示意

（四）药物去势法

操作人员一手将公羔的睾丸挤到阴囊底部，并对其阴囊顶部与睾丸对应处消毒，另一手拿吸有消睾注射液的注射器，从睾丸顶部顺睾丸长径方向平行进针，扎入睾丸实质，针尖抵达睾丸下1/3处时慢慢注射。边注射边退针，使药液停留于睾丸中1/3处。依同法做另一侧睾丸注射。公羔注射后的睾丸呈膨胀状态，所以切勿挤压，以防药物外溢。药物的注射量为0.5~1毫升/只，注射时最好用9号针头。

七、穿　刺

穿刺术是使用特制的穿刺器具（如套管针、肝脏穿刺器、骨髓穿刺器等），刺入病畜体腔、脏器或髓腔内，排出内容物或气体，或注入药液以达到治疗目的。也可通过穿刺采取病畜体某一特定器官或组织的病理材料，提供实验室可检病料，有助于确诊。但是，穿刺术在实施中有损伤组织，并有引起局部感染的可能，故应用时必须慎重。

应用穿刺器具均应严密消毒，干燥备用。在操作中要严格遵守无菌操作和安全措施，才能取得良好的结果。手术动物一般站立保定，必要时，中小动物可行侧卧保定。手术部位剪毛、消毒。

（一）瘤胃穿刺法

瘤胃穿刺用于瘤胃急性臌气时的急救排气和向瘤胃内注入药液。

1. 穿刺部位

在左侧肷窝部，由髋结节向最后肋骨所引水平线的中点，距腰椎横突10~12厘米处。也可选在瘤胃隆起最高点穿刺（图1-19）。

图1-19　羊瘤胃穿刺法示意

1. 套管针　2. 穿刺部位

2. 穿刺方法

羊可用一般静脉注射针头，或用细套管针。术部剪毛消毒。右手持注射针头或套管针向对侧肘头方向迅速刺入 10~12 厘米。左手按压固定针头或套管，拔出内针，用手指不断堵住管口，间歇放气，使瘤胃内的气体间断排出。若套管堵塞，可插入内针疏通。气体排出后，为防止复发，可经针头或套管向瘤胃内注入止酵剂和消沫剂。注完药液插入内针，同时用力压住皮肤，拔出针头或套管针，局部消毒，必要时以碘仿火棉胶封闭穿刺孔。

在紧急情况下，无套管针或注射针头时也可就地取材（如竹管、鹅翎等）进行穿刺，以挽救病畜生命，然后再采取抗感染措施。

3. 注意事项

放气速度不宜过快，防止发生急性脑贫血，造成虚脱。同时注意观察病畜的表现，根据病情，为了防止臌气继续发展，避免重复穿刺，可将套管针固定，留置一定时间后再拔出；穿刺和放气时，应注意防止针孔局部感染：因放气后期往往伴有泡沫样内容物流出，污染套管口周围并易流进腹腔而继发腹膜炎；经套管注入药液时，注药前一定要确切判定套管仍在瘤胃内后，方能注入。

（二）膀胱穿刺法

当尿道完全阻塞发生尿闭时，为防止膀胱破裂或尿中毒，进行膀胱穿刺排出膀胱内的尿液，进行急救治疗。

1. 穿刺部位

羊在后腹部耻骨前缘，触摸有膨满弹性感，即为术部。

2. 穿刺方法

侧卧保定，将左或右后肢向后牵引转位，充分暴露术部，于耻骨前缘触摸膨满波动最明显处，左手压迫，右手持连有长橡胶管的针头向后下方刺入，并固定好针头，待排完尿液，拔出针头，术部消毒，涂火棉胶。

3. 穿刺注意事项

针刺入膀胱后，应很好地握住针头，防止滑脱。若进行多次穿刺时，易引起腹膜炎和膀胱炎，宜慎重。

（三）胸腔穿刺法

主要用于排出胸腔的积液、血液，或洗涤胸腔及注入药液进行治疗。也可用于检查胸腔有无积液，并采取胸腔积液，从而鉴别其性质，以助于诊断。

1. 穿刺部位

羊在右侧第 6 肋间，左侧第 7 肋间。具体位置在与肩关节引水平线相交点的下方 2~3 厘米处，胸外静脉上方约 2 厘米处。

2. 穿刺方法

准备好套管针或 10~16 号长针头，胸腔洗涤剂（如 0.1%利凡诺洗液、0.1%高锰酸钾溶液）、生理盐水（加热至体温程度），输液瓶等。左手将术部皮肤稍向上方移动 1~2 厘米，右手持套管针用指头控制于 3~5 厘米处，在靠近肋骨前缘垂直刺入。穿刺肋间肌时有阻力感，当阻力消失而有空虚时，表明已刺入胸腔内，左手把持套管，右手拔去内针，即可流出积液或血液。放液时不宜过急，应用拇指不断堵住套管口，间断地放出积液，预防胸腔减压过急，影响心肺功能。如针孔堵塞不流时，可用内针疏通，直至放完为止。

有时放完积液之后，需要洗涤胸腔，可将消毒药液装入接有橡胶管的输液瓶，连接输液瓶胶管，高举输液瓶，药液即可流入胸腔，然后将其放出。如此反复冲洗 2~3 次，最后注入治疗性药物。消毒药液量少时也可用注射器进行冲洗。操作完毕插入内针，拔出套管针，使局部皮肤复位，术部涂碘酊，以碘仿火棉胶封闭穿刺孔。

3. 注意事项

穿刺或排液过程中，应注意防止空气进入胸腔内。排出积液和注入洗涤剂时应缓慢进行，洗涤剂量不能过多，并加温，同时注意观染病畜有无异常表现。穿刺时需注意防止损伤肋间血管与神经。刺入时，应以手指控制套管针的刺入深度，以防过深刺伤心肺。穿刺过程遇有出血时，应充分止血，改变位置再行穿刺。

（四）腹腔穿刺

腹腔穿刺用于排出腹腔的积液和洗涤腹腔及注入药液进行治疗，或采取腹腔积液，以助于胃肠破裂、肠变位、内脏出血、腹膜炎等疾病的鉴别诊断。

1. 穿刺部位

羊在脐与膝关节连线的中点。

2. 穿刺方法

术者蹲下，左手稍移动皮肤。右手控制套管针（或针头）的深度，由下向上垂直刺入3~4厘米。其余的操作方法同胸腔穿刺。当洗涤腹腔时，羊在右侧肚窝中央，右手持针头垂直刺入腹腔，连接输液瓶胶管或注射器，注入药液，再由穿刺部排出，如此反复冲洗2~3次。

3. 穿刺注意事项

刺入深度不宜过深，以防刺伤肠管。穿刺位置应准确，保定要安全。其他参照胸腔穿刺的注意事项。

八、冲　洗

（一）洗眼法

1. 应用

主要用于结膜与角膜炎症和各种眼病治疗。

2. 用具

洗眼用器械：冲洗器、洗眼瓶、胶帽吸管等，也可用20毫升注射器代用；常备点眼药或洗眼药：0.1%盐酸肾上腺素溶液、3.5%盐酸可卡因溶液、0.5%阿托品溶液、0.5%硫酸锌溶液、2%~4%硼酸溶液、1%~3%蛋白银溶液、0.01%~0.03%高锰酸钾溶液及生理盐水等。

3. 方法

柱栏内站立保定好动物，固定头部，用一手拇指与食指翻开上下眼睑，另一手持冲洗器（洗眼瓶、注射器等），使其前端斜向内眼角，徐徐向结膜上灌注药液冲洗眼内分泌物。或用细胶管由鼻孔插入鼻泪管内，从胶管游离端注入洗眼药液，更有利于洗去眼内的分泌物和异物。如冲洗不彻底时，可用硼酸棉球轻拭结膜囊。洗净后，左手拿点眼药瓶，靠在外眼角眶上斜向内眼角，将药液滴入眼内，闭合眼睑，用手轻轻按摩 1~2 次以防药液流出，并促进药液在眼内扩散。如用眼膏时，可用玻璃棒一端蘸眼膏，横放在上下眼睑之间闭合眼睑，抽去玻璃棒，眼膏即可留在眼内，用手轻轻按摩 1~2 次，以防流出。或直接将眼膏挤入结膜囊内。

4. 注意事项

防止动物骚动，点药瓶或洗眼器与病眼不能接触。与眼球不能成垂直方向，以防感染和损伤角膜。点眼药或眼膏应准确点入眼内，防止流出。

（二）口腔冲洗法

口腔冲洗法主要用于口炎、舌及牙齿疾病的治疗，有时也用于冲出口腔的不洁物。

1. 用具

大动物用橡皮管连接漏斗或注射器连接橡胶管，中、小动物可用吸管或不带针头的注射器。冲洗剂可用自来水或收敛剂、低浓度防腐消毒药等。

2. 方法

大动物站立保定，使病畜头部稍低并确实固定。中、小动物侧卧保定，使头部处于低位。术者一手持橡胶管一端（或注射器）从口角伸入口腔，并用手固定在口角上，另一只手将装有冲洗药液的漏斗举起（或推注），药液即可流入口腔进行冲洗。

3. 注意事项

冲洗药液根据需要可稍加温防止过凉。插进口腔内的胶管不宜过深，以防误咬和咬碎。

（三）导胃与洗胃法

导胃与洗胃法用于瘤胃积食或瘤胃酸中毒时排出胃内容物以及排

出胃内毒物，或吸取胃液供实验室检查等。

1. 用具及药品

导胃用具同胃管给药，但应用较粗胃管。洗胃应用36~39℃温水，此外根据需要可用2%~3%碳酸氢钠溶液、1%~2%氯化钠溶液、0.1%高锰酸钾溶液等。还应备吸引器。

2. 方法

基本同胃管投药。动物站立或倒卧保定。先用胃管测量到胃内的长度（羊从唇至倒数第二肋骨）并做好标记，装好开口器，固定好头部。从口腔徐徐插入胃管，到胸腔入口及贲门处时阻力较大，应缓慢插入，以免损伤食管黏膜。必要时可灌入少量温水，待贲门弛缓后，再向前推送入胃。胃管前端经贲门到达胃内后，阻力突然消失，此时可有酸臭味气体或食糜排出。如不能顺利排出胃内容物时，装上漏斗，每次灌入温水或其他药液100~2 000毫升。将头低下，利用虹吸原理，高举漏斗，不待药液流尽，随即放低头部和漏斗，或用抽气筒反复抽吸，以洗出胃内容物。如此反复多次，逐渐排出胃内大部分内容物，直至病情好转为止。冲洗完之后，缓慢抽出胃管，解除保定。

3. 注意事项

操作中要注意安全，使用的胃管要根据动物的大小选定，胃管长度和粗细要适宜。瘤胃积食宜反复灌入大量温水，方能洗出胃内容物。

（四）阴道及子宫冲洗法

阴道及子宫冲洗法用于阴道炎和子宫内膜炎的治疗，主要为了排出阴道或子宫内的炎性分泌物，促进黏膜修复，尽快恢复生殖机能。

1. 用具及药品

子宫洗涤用的输液瓶洗净消毒。冲洗溶液为微温生理盐水、5%~10%葡萄糖溶液，0.1%利凡诺溶液及0.1%或0.5%高锰酸钾溶液等，还可用抗生素及磺胺类制剂。

2. 方法

充分洗净外阴部，术者手及手臂常规消毒。而后，术者手握输液瓶或漏斗所连接的长胶管，徐徐插入子宫颈口，再缓慢导入子宫内，提高输液瓶或漏斗，药液可通过导管流入子宫内，待输液瓶或漏斗中的冲洗液快流完时，迅速把输液瓶或漏斗放低，借虹吸作用使子宫内液体自行排出。如此反复冲洗2~3次，直至流出的液体与注入的液体颜色基本一致为止。

阴道的冲洗，把导管的一端插入阴道内，提高漏斗，冲洗液即可流入，借病畜努责冲洗液可自行排出，如此反复洗至冲洗液透明为止。阴道或子官冲洗后，可放入抗生素或其他抗菌消炎药物。

3. 注意事项

操作认真，防止粗暴，特别是插入导管时更需谨慎，预防子宫壁穿孔；严格遵守消毒规则。子宫积脓或子宫积水的病例，应先将子宫内积液排出之后，再进行冲洗；不得应用强刺激性或腐蚀性的药液冲洗。注入子宫内的冲洗药液，尽量充分排出，必要时可按压腹壁促使排出，以防子宫积液。

（五）尿道及膀胱冲洗法

尿道及膀胱冲洗法用于尿道炎及膀胱炎的治疗，或采尿液供化验诊断。本法对于母畜较易操作，对公畜操作难度较大。

1. 用具及药品

根据动物种类、性别备用不同类型的导尿管。用前将导尿管放在0.1%高锰酸钾溶液温水中浸泡5~10分钟，前端蘸液体石蜡。冲洗药液宜选择刺激或腐蚀性小的消毒、收敛剂。常用的有生理盐水、2%硼酸溶液、0.1%~0.5%高锰酸钾溶液、1%~2%苯酚溶液或0.1%~0.2%利凡诺溶液等。此外，也常用抗生素及磺胺制剂的溶液（冲洗药液的温度要与体温相接近）。备好注射器与洗涤器。术者的手、病畜的外阴部及公畜阴茎、尿道口要清洗消毒。

2. 方法

（1）母羊膀胱冲洗。羊侧卧保定，助手将尾巴拉向一侧或吊起。术者将导尿管握于掌心，前端与食指同长，呈圆锥形伸入阴道，先用手指触摸尿道口，轻轻刺激或扩张尿道口，伺机插入导尿管，徐徐推进，当进入膀胱后，则无阻力尿液自然流出。排完尿后，导尿管另一端连接洗涤器或注射器，注入冲洗药液，反复冲洗，直至排出药液透明为止。最后将膀胱内药液排净。当触摸识别尿道口有困难，可用开膣器开张阴道，即可看到阴道腹侧的尿道口。

（2）公羊膀胱冲洗。用速眠新麻醉病羊后仰卧于操作台上保定。挤压病羊包皮，使龟头暴露在外，用消毒纱布包住龟头，用0.1%新洁尔灭洗尿道外口，用医用专用导尿管，直径约为1.5毫米，从尿道口缓缓插入，插入至“S”状弯曲部前缘时常发生困难，可用手指隔着皮肤向深部压迫，迫使导尿管末端进入膀胱，一旦进入膀胱内，尿液即从导尿管流出。冲洗方法与母畜相同，导尿或冲洗完之后，还可注入治疗药液，而后除去导尿管。

3. 注意事项

插入时，导尿管前端宜涂润滑剂，以防损伤尿道黏膜，防止粗暴操作，以免损伤尿道黏膜或造成膀胱壁的穿孔。

羊病药物的规范使用

第一节　安全合理用药

一、《兽药管理条例》对兽药安全合理使用的规定

兽药的安全使用是指兽药使用既要保障动物疾病的有效治疗，又要保障对动物和人的安全。建立用药记录是防止临床滥用兽药，保障遵守兽药的休药期，以避免或减少兽药残留，保障动物产品质量的重要手段。2016 年 3 月 1 日，国务院公布实施李克强总理签署的中华人民共和国国务院令第 666 号《国务院关于修改部分行政法规的决定》，为推进简政放权、放管结合、优化服务改革，国务院对 11 条《兽药管理条例》（2004 年 3 月 24 日，国务院第 45 次常务会议通过，自 2004 年 11 月 1 日起施行）作出删改。新修订的《兽药管理条例》明确要求兽药使用单位，要遵守国务院兽医行政管理部门制定的兽药安全使用规定，并建立用药记录。

兽药安全使用规定，是指农业农村部发布的关于安全使用兽药以确保动物安全和人的食品安全等方面的有关规定，如饲料药物添加剂使用规范、食品动物禁用的兽药及其他化合物清单，动物性食品中兽药最高残留限量、兽用休药期规定，以及兽用处方药和非处方药分类管理办法等文件。用药记录是指由兽医使用者所记录的关于预防治疗诊断动物疾病所使用的兽药名称、剂量、用法、疗程、用药开始日期、预计停药日期、产品批号、兽药生产企业名称、处方人、用药人等的书面材料和档案。

为确保动物性产品的安全，饲养者除了应遵守休药期规定外，还应确保动物及其产品在用药期、休药期内不用于食品消费。如泌乳期奶牛在发生乳房炎而使用抗菌药等进行治疗期间，其所产牛奶应当废弃，不得用作食品。

新《兽药管理条例》还规定，禁止将原料药直接添加到饲料及动物饮水中或者直接饲喂动物。因为，将原料药直接添加到动物饲料或饮水中，一是剂量难以掌握或是稀释不均匀有可能引起中毒死亡，二是国家规定的休药期一般是针对制剂规定的，原料药没有休药期数据会造成严重的兽药残留问题。

临床合理用药，既要做到有效地防治畜禽的各种疾病，又要避免对动物机体造成毒性损害或降低动物的生产性能。因此，必须全面考虑动物的种属、年龄、性别等对药物作用的影响，选择适宜的药物、适宜的剂型、给药途径、剂量与疗程等，科学合理地加以使用。

（一）新《兽药管理条例》关于兽药使用的主要内容

第 38 条　兽药使用单位，应当遵守国务院兽医行政管理部门制定的兽药安全使用规定，并建立用药记录。

第 39 条　禁止使用假、劣兽药以及国务院兽医行政管理部门规定禁止使用的药品和其他化合物。禁止使用的药品和其他化合物目录由国务院兽医行政管理部门制定公布。

第 40 条　有休药期规定的兽药用于食用动物时，饲养者应当向购买者或者屠宰者提供准确、真实的用药记录；购买者或者屠宰者应当确保动物及其产品在用药期、休药期内不被用于食品消费。

第 41 条　国务院兽医行政管理部门，负责制定公布在饲料中允许添加的药物饲料添加剂品种目录。

禁止在饲料和动物饮水中添加激素类药品和国务院兽医行政管理部门规定的其他禁用药品。

经批准可以在饲料中添加的兽药，应当由兽药生产企业制成药物饲料添加剂后方可添加。禁止将原料药直接添加到饲料及动物饮用水中或者直接饲喂动物。

禁止将人用药品用于动物。

第 42 条　国务院兽医行政管理部门，应当制定并组织实施国家动物及动物产品兽药残留监控计划。

县级以上人民政府兽医行政管理部门，负责组织对动物产品中兽药残留量的检测。兽药残留检测结果，由国务院兽医行政管理部门或者省、自治区、直辖市人民政府兽医行政管理部门按照权限予以公布。

动物产品的生产者、销售者对检测结果有异议的，可以自收到检测结果之日起 7 个工作日内向组织实施兽药残留检测的兽医行政管理部门或者其上级兽医行政管理部门提出申请，由受理申请的兽医行政管理部门指定检验机构进行复检。

兽药残留限量标准和残留检测方法，由国务院兽医行政管理部门制定发布。

第 43 条　禁止销售含有违禁药物或者兽药残留量超过标准的食用动物产品。

（二）食品动物禁用的兽药及其化合物清单

2002 年 4 月农业部公告 193 号（表 2-1）发布食品动物禁用的兽药及其他化合物清单。截至 2002 年 5 月 15 日，《禁用清单》序号 1 至 18 所列品种的原料药及其单方、复方制剂产品停止经营和使用。《禁用清单》序号 19 至 21 所列品种的原料药及其单方、复方制剂产品不准以抗应激、提高饲料转化率、促进动物生长为目的的在食品动物饲养过程中使用。

表 2-1　食品动物禁用的兽药及其他化合物清单

序号	兽药及其他化合物名称	禁止用途	禁用动物
1	β－兴奋剂类：克仑特罗、沙丁胺醇、西马特罗及其盐、酯及制剂	所有用途	所有食品动物

（续表）

序号	兽药及其他化合物名称	禁止用途	禁用动物
2	性激素类：己烯雌酚及其盐、酯及制剂	所有用途	所有食品动物
3	具有雌激素样作用的物质：玉米赤霉醇、去甲雄三烯醇酮、醋酸甲孕酮及制剂	所有用途	所有食品动物
4	氯霉素其盐、酯（包括：琥珀氯霉素）及制剂	所有用途	所有食品动物
5	氨苯砜及制剂	所有用途	所有食品动物
6	硝基呋喃类：呋喃唑酮、呋喃它酮、呋喃苯烯酸钠及制剂	所有用途	所有食品动物
7	硝基化合物：硝基酚钠、硝呋烯腙及制剂	所有用途	所有食品动物
8	催眠、镇静类：安眠酮及制剂	所有用途	所有食品动物
9	林丹（丙体六六六）	杀虫剂	所有食品动物
10	毒杀芬（氯化烯）	杀虫剂、清塘剂	所有食品动物
11	呋喃丹（克百威）	杀虫剂	所有食品动物
12	杀虫脒（克死螨）	杀虫剂	所有食品动物
13	双甲脒	杀虫剂	水生食品动物
14	酒石酸锑钾	杀虫剂	所有食品动物
15	锥虫胂胺	杀虫剂	所有食品动物
16	孔雀石绿	抗菌、杀虫剂	所有食品动物
17	五氯酚酸钠	杀螺剂	所有食品动物
18	各种汞制剂包括：氯化亚汞（甘汞），硝酸亚汞、醋酸汞、吡啶基醋酸汞	杀虫剂	所有食品动物
19	性激素类：甲基睾丸酮、丙酸睾酮、苯丙酸诺龙、苯甲酸雌二醇及其盐、酯及制剂	促生长	所有食品动物
20	催眠、镇静类：氯丙嗪、地西泮（安定）及其盐、酯及制剂	促生长	所有食品动物

（续表）

序号	兽药及其他化合物名称	禁止用途	禁用动物
21	硝基咪唑类：甲硝唑、地美硝唑天及其盐、酯及制剂	促生长	所有食品动物

注：食品动物是指各种供人食用或其产品供人食用的动物

中华人民共和国农业部（现农业农村部）于2015年9月1日再次发布第2292号公告，经评价，认为洛美沙星、培氟沙星、氧氟沙星、诺氟沙星4种原料药的各种盐、酯及其各种制剂可能对养殖业、人体健康造成危害或者存在潜在风险。根据《兽药管理条例》第六十九条规定，决定在食品动物中停止使用洛美沙星、培氟沙星、氧氟沙星、诺氟沙星4种兽药，撤销相关兽药产品批准文号。公告指出，自公告发布之日起，除用于非食品动物的产品外，停止受理洛美沙星、培氟沙星、氧氟沙星、诺氟沙星4种原料药的各种盐、酯及其各种制剂的兽药产品批准文号的申请。自2015年12月31日起，停止生产用于食品动物的洛美沙星、培氟沙星、氧氟沙星、诺氟沙星4种原料药的各种盐、酯及其各种制剂，涉及的相关企业的兽药产品批准文号同时撤销。2015年12月31日前生产的产品，可以在2016年12月31日前流通使用。自2016年12月31日起，停止经营、使用用于食品动物的洛美沙星、培氟沙星、氧氟沙星、诺氟沙星4种原料药的各种盐、酯及其各种制剂。

2017年农业部发布2583号公告，禁止非泼罗尼及相关制剂用于食品动物。

农业部于2018年1月11日再次发布公告第2638号，自公告发布之日起，停止受理喹乙醇、氨苯胂酸、洛克沙胂等3种兽药的原料药及各种制剂兽药产品批准文号的申请。自2018年5月1日起，停止生产喹乙醇、氨苯胂酸、洛克沙胂等3种兽药的原料药及各种制剂，相关企业的兽药产品批准文号同时注销。2018年4月30日前生产的产品，可在2019年4月30日前流通使用。自2019年5月1日起，停止经营、使用喹乙醇、氨苯胂酸、洛克沙胂等 3 种兽药的原料药及各种制剂。

（三）禁止在饲料和动物饮用水中使用的药物品种目录

农业部公告第 176 号规定，凡生产含有药物饲料添加剂的饲料产品，必须严格执行《饲料药物添加剂使用规范》（168 号公告）的规定。凡生产含有规范附录一中的饲料药物添加剂的饲料产品，必须执行《饲料标签》标准的规定。

禁止在饲料和动物饮用水中使用的药物品种目录如下。

1. 肾上腺素受体激动剂

（1）盐酸克仑特罗：中华人民共和国药典（以下简称药典）2000 年二部 P605。β 2 肾上腺素受体激动药。

（2）沙丁胺醇：药典 2000 年二部 P316。β 2 肾上腺素受体激动药。

（3）硫酸沙丁胺醇：药典 2000 年二部 P870。β 2 肾上腺素受体激动药。

（4）莱克多巴胺：一种 β 兴奋剂，美国食品和药物管理局已批准，中国未批准。

（5）盐酸多巴胺：药典 2000 年二部 P591。多巴胺受体激动药。

（6）西马特罗：美国氰胺公司开发的产品，一种 β 兴奋剂，FDA 未批准。

（7）硫酸特布他林：药典 2000 年二部 P890。β 2 肾上腺受体激动药。

2. 性激素

（8）己烯雌酚：药典 2000 年二部 P42。雌激素类药。

（9）雌二醇：药典 2000 年二部 P1005。雌激素类药。

（10）戊酸雌二醇：药典 2000 年二部 P124。雌激素类药。

（11）苯甲酸雌二醇：药典 2000 年二部 P369。雌激素类药。中华人民共和国兽药典（以下简称兽药典）2000 年版一部 P109。雌激素类药。用于发情不明显动物的催情及胎衣滞留、死胎的排出。

（12）氯烯雌醚：药典 2000 年二部 P919。

（13）炔诺醇：药典 2000 年二部 P422。

（14）炔诺醚：药典 2000 年二部 P424。

（15）醋酸氯地孕酮：药典 2000 年二部 P1037。

（16）左炔诺孕酮：药典 2000 年二部 P107。

（17）炔诺酮：药典 2000 年二部 P420。

（18）绒毛膜促性腺激素（绒促性素）：药典 2000 年二部 P534。促性腺激素药。兽药典 2000 年版一部 P146。激素类药。用于性功能障碍、习惯性流产及卵巢囊肿等。

（19）促卵泡生长激素（尿促性素主要含卵泡刺激 FSHT 和黄体生成素 LH）：药典 2000 年二部 P321。促性腺激素类药。

3. 蛋白同化激素

（20）碘化酪蛋白：蛋白同化激素类，为甲状腺素的前驱物质，具有类似甲状腺素的生理作用。

（21）苯丙酸诺龙及苯丙酸诺龙注射液：药典 2000 年二部 P365。

4. 精神药品

（22）（盐酸）氯丙嗪：药典 2000 年二部 P676。抗精神病药。兽药典 2000 年版一部 P177。镇静药。用于强化麻醉以及使动物安静等。

（23）盐酸异丙嗪：药典 2000 年二部 P602。抗组胺药。兽药典 2000 年版一部 P164。抗组胺药。用于变态反应性疾病，如荨麻疹、血清病等。

（24）安定（地西泮）：药典 2000 年二部 P214。抗焦虑药、抗惊厥药。兽药典 2000 年版一部 P61。镇静药、抗惊厥药。

（25）苯巴比妥：药典 2000 年二部 P362。镇静催眠药、抗惊厥药。兽药典 2000 年版一部 P103。巴比妥类药。缓解脑炎、破伤风、士的宁中毒所致的惊厥。

（26）苯巴比妥钠。兽药典 2000 年版一部 P105。巴比妥类药。缓解脑炎、破伤风、士的宁中毒所致的惊厥。

（27）巴比妥：兽药典2000年版一部P27。中枢抑制和增强，解热镇痛。

（28）异戊巴比妥：药典2000年二部P252。催眠药、抗惊厥药。

（29）异戊巴比妥钠：兽药典2000年版一部P82。巴比妥类药。用于小动物的镇静、抗惊厥和麻醉。

（30）利血平：药典2000年二部P304。抗高血压药。

（31）艾司唑仑。

（32）甲丙氨脂。

（33）咪达唑仑。

（34）硝西泮。

（35）奥沙西泮。

（36）匹莫林。

（37）三唑仑。

（38）唑吡旦。

（39）其他国家管制的精神药品。

5. 各种抗生素滤渣

（40）抗生素滤渣：该类物质是抗生素类产品生产过程中产生的工业三废，因含有微量抗生素成分，在饲料和饲养过程中使用后对动物有一定的促生长作用。但对养殖业的危害很大，一是容易引起耐药性，二是由于未做安全性试验，存在各种安全隐患。

（四）食品动物禁用兽药的有关公告

1. 食品动物禁用的兽药及其他化合物清单，农业部公告193号。

2. 禁止在饲料和动物饮用水中使用的药物品种目录，农业部公告176号。

3. 禁止在饲料和动物饮水中使用的物质，农业部公告1519号。

4. 兽药地方标准废止目录，序号1为193号公告的禁用品种补充，序号2–5为废止品种，农业部公告560号。

5. 兽药地方标准升国家标准汇编，废止目录见农业部1435号公告，1506号公告，1759号公告。

6. 在食品动物中停止使用洛美沙星、培氟沙星、氧氟沙星、诺氟沙星等 4 种原料药的各种盐、酯及其各种制剂，2016 年农业部公告 2292 号。

7. 禁止非泼罗尼及相关制剂用于食品动物，2017 年农业部公告 2583 号。

8. 在食品动物中停止使用喹乙醇、氨苯胂酸、洛克沙胂等 3 种兽药，2018 年农业部公告第 2638 号。

截至目前，涉及食品动物禁用的兽药及其他化合物品种清单，见表 2-2。

表 2-2　食品动物禁用的兽药及其他化合物品种清单

序号	药物名称	类别	引用依据
1	克仑特罗	β-2 肾上腺素受体激动药	农业部第 235 号公告
2	盐酸克仑特罗	β-2 肾上腺素受体激动药	农业部第 176 号公告
3	沙丁胺醇	β-2 肾上腺素受体激动药	农业部第 176 号、235 号公告
4	硫酸沙丁胺醇	β-2 肾上腺素受体激动药	农业部第 176 号公告
5	莱克多巴胺	β-2 肾上腺素受体激动药	农业部第 176 号公告
6	盐酸多巴胺	多巴胺受体激动药	农业部第 176 号公告
7	西马特罗	β 兴奋剂	农业部第 176 号、235 号公告
8	硫酸特布他林	β-2 肾上腺素受体激动药	农业部第 176 号公告
9	苯乙醇胺	β- 肾上腺素受体激动剂	农业部第 1519 号公告
10	班布特罗	β- 肾上腺素受体激动剂	农业部第 1519 号公告
11	盐酸齐帕特罗	β- 肾上腺素受体激动剂	农业部第 1519 号公告
12	盐酸氯丙那林	β- 肾上腺素受体激动剂	农业部第 1519 号公告
13	马布特罗	β- 肾上腺素受体激动剂	农业部第 1519 号公告
14	西布特罗	β- 肾上腺素受体激动剂	农业部第 1519 号公告
15	溴布特罗	β- 肾上腺素受体激动剂	农业部第 1519 号公告
16	酒石酸阿福特罗	β- 肾上腺素受体激动剂	农业部第 1519 号公告
17	富马酸福莫特罗	β- 肾上腺素受体激动剂	农业部第 1519 号公告
18	盐酸可乐定	抗高血压药	农业部第 1519 号公告
19	盐酸赛庚啶	抗组胺药	农业部第 1519 号公告
20	己烯雌酚	雌激素类药	农业部第 176 号、235 号公告
21	玉米赤霉醇	具有雌激素样作用的物质	农业部第 193 号、235 号公告

（续表）

序号	药物名称	类别	引用依据
22	去甲雄三烯醇酮	具有雌激素样作用的物质	农业部第 193 号、235 号公告
23	醋酸甲孕酮及制剂	具有雌激素样作用的物质	农业部第 193 号、235 号公告
24	雌二醇	雌激素类药	农业部第 176 号公告
25	戊酸雌二醇	雌激素类药	农业部第 176 号公告
26	苯甲酸雌二醇	雌激素类药	农业部第 176 号、193 号公告
27	氯烯雌醚	雌激素类药	农业部第 176 号公告
28	炔诺醇	雌激素类药	农业部第 176 号公告
29	炔诺醚	雌激素类药	农业部第 176 号公告
30	醋酸氯地孕酮	雌激素类药	农业部第 176 号公告
31	左炔诺孕酮	雌激素类药	农业部第 176 号公告
32	炔诺酮	雌激素类药	农业部第 176 号公告
33	绒毛膜促性腺激素（绒促性素）	激素类药	农业部第 176 号公告
34	促卵泡生长激素（尿促性素主要含卵泡刺激 FSHT 和黄体生成素 LH）	促性腺激素类药	农业部第 176 号公告
35	碘化酪蛋白	蛋白同化激素类	农业部第 176 号公告
36	苯丙酸诺龙及苯丙酸诺龙注射液	蛋白同化激素类	农业部第 176 号、193 号公告
37	（盐酸）氯丙嗪	抗精神病药，镇静药	农业部第 176 号公告
38	氯丙嗪	促生长类	农业部第 193 号公告
39	盐酸异丙嗪	抗组胺药	农业部第 176 号公告
40	安定（地西泮）	抗焦虑药、抗惊厥药	农业部第 176 号、193 号公告
41	苯巴比妥	镇静催眠药、抗惊厥药	农业部第 176 号公告
42	苯巴比妥钠	巴比妥类药	农业部第 176 号公告
43	巴比妥	巴比妥类药	农业部第 176 号公告
44	异戊巴比妥	催眠药、抗惊厥药	农业部第 176 号公告

（续表）

序号	药物名称	类别	引用依据
45	异戊巴比妥钠	巴比妥类药	农业部第 176 号公告
46	利血平	抗高血压药	农业部第 176 号公告
47	艾司唑仑	精神药品	农业部第 176 号公告
48	甲丙氨脂	精神药品	农业部第 176 号公告
49	咪达唑仑	精神药品	农业部第 176 号公告
50	硝西泮	精神药品	农业部第 176 号公告
51	奥沙西泮	精神药品	农业部第 176 号公告
52	匹莫林	精神药品	农业部第 176 号公告
53	三唑仑	精神药品	农业部第 176 号公告
54	唑吡旦	精神药品	农业部第 176 号公告
55	氯霉素	抗生素类	农业部第 193 号公告
56	琥珀氯霉素	抗生素类	农业部第 193 号公告
57	氨苯砜	抗生素类	农业部第 193 号、235 号公告
58	呋喃唑酮	硝基呋喃类	农业部第 193 号、235 号公告
59	呋喃它酮	硝基呋喃类	农业部第 193 号、235 号公告
60	呋喃苯烯酸钠	硝基呋喃类	农业部第 193 号、235 号公告
61	硝基酚钠	硝基化合物	农业部第 193 号、235 号公告
62	硝呋烯腙	硝基化合物	农业部第 193 号、235 号公告
63	安眠酮	催眠、镇静类	农业部第 193 号、235 号公告
64	林丹（丙体六六六）	杀虫剂	农业部第 193 号、235 号公告
65	毒杀芬（氯化烯）	杀虫剂、清塘剂	农业部第 193 号、235 号公告
66	呋喃丹（克百威）	杀虫剂	农业部第 193 号、235 号公告
67	杀虫脒（克死螨）	杀虫剂	农业部第 193 号、235 号公告
68	双甲脒	杀虫剂	农业部第 193 号、235 号公告
69	酒石酸锑钾	杀虫剂	农业部第 193 号、235 号公告
70	锥虫胂胺	杀虫剂	农业部第 193 号、235 号公告
71	孔雀石绿	抗菌、杀虫剂	农业部第 193 号、235 号公告

（续表）

序号	药物名称	类别	引用依据
72	五氯酚酸钠	杀螺剂	农业部第 193 号、235 号公告
73	氯化亚汞（甘汞）	杀虫剂	农业部第 193 号、235 号公告
74	硝酸亚汞	杀虫剂	农业部第 193 号、235 号公告
75	醋酸汞	杀虫剂	农业部第 193 号、235 号公告
76	吡啶基醋酸汞	杀虫剂	农业部第 193 号、235 号公告
77	甲基睾丸酮	促生长类	农业部第 193 号、235 号公告
78	丙酸睾酮	促生长类	农业部第 193 号公告
79	甲硝唑	促生长类	农业部第 193 号公告
80	地美硝唑	促生长类	农业部第 193 号公告
81	洛硝达唑	抗生素类	农业部第 235 号公告
82	群勃龙	激素类药	农业部第 235 号公告
83	呋喃妥因	硝基呋喃类	农业部第 560 号公告
84	替硝唑	硝基咪唑类	农业部第 560 号公告
85	卡巴氧	喹恶啉类	农业部第 560 号公告
86	万古霉素	抗生素类	农业部第 560 号公告
87	金刚烷胺	抗病毒类	农业部第 560 号公告
88	金刚乙胺	抗病毒类	农业部第 560 号公告
89	阿昔洛韦	抗病毒类	农业部第 560 号公告
90	吗啉（双）胍（病毒灵）	抗病毒类	农业部第 560 号公告
91	利巴韦林	抗病毒类	农业部第 560 号公告
92	头孢哌酮	抗生素、合成抗菌药及农药	农业部第 560 号公告
93	头孢噻肟	抗生素、合成抗菌药及农药	农业部第 560 号公告
94	头孢曲松（头孢三嗪）	抗生素、合成抗菌药及农药	农业部第 560 号公告
95	头孢噻吩	抗生素、合成抗菌药及农药	农业部第 560 号公告
96	头孢拉定	抗生素、合成抗菌药及农药	农业部第 560 号公告
97	头孢唑啉	抗生素、合成抗菌药及农药	农业部第 560 号公告
98	头孢噻啶	抗生素、合成抗菌药及农药	农业部第 560 号公告

（续表）

序号	药物名称	类别	引用依据
99	罗红霉素	抗生素、合成抗菌药及农药	农业部第 560 号公告
100	克拉霉素	抗生素、合成抗菌药及农药	农业部第 560 号公告
101	阿奇霉素	抗生素、合成抗菌药及农药	农业部第 560 号公告
102	磷霉素	抗生素、合成抗菌药及农药	农业部第 560 号公告
103	硫酸奈替米星	抗生素、合成抗菌药及农药	农业部第 560 号公告
104	氟罗沙星	抗生素、合成抗菌药及农药	农业部第 560 号公告
105	司帕沙星	抗生素、合成抗菌药及农药	农业部第 560 号公告
106	甲替沙星	抗生素、合成抗菌药及农药	农业部第 560 号公告
107	氯林可霉素	抗生素、合成抗菌药及农药	农业部第 560 号公告
108	氯洁霉素	抗生素、合成抗菌药及农药	农业部第 560 号公告
109	妥布霉素	抗生素、合成抗菌药及农药	农业部第 560 号公告
110	胍哌甲基四环素	抗生素、合成抗菌药及农药	农业部第 560 号公告
111	盐酸甲烯土霉素（美他环素）	抗生素、合成抗菌药及农药	农业部第 560 号公告
112	两性霉素	抗生素、合成抗菌药及农药	农业部第 560 号公告
113	利福霉素	抗生素、合成抗菌药及农药	农业部第 560 号公告
114	双嘧达莫	预防血栓栓塞性疾病	农业部第 560 号公告
115	聚肌胞	解热镇痛类	农业部第 560 号公告
116	氟胞嘧啶	解热镇痛类	农业部第 560 号公告
117	代森铵	农用杀虫菌剂	农业部第 560 号公告
118	磷酸伯氨喹	解热镇痛类	农业部第 560 号公告
119	磷酸氯喹	抗疟药	农业部第 560 号公告
120	异噻唑啉酮	防腐杀菌	农业部第 560 号公告
121	盐酸地酚诺酯	解热镇痛	农业部第 560 号公告
122	盐酸溴己新	祛痰药	农业部第 560 号公告
123	西咪替丁	解热镇痛类	农业部第 560 号公告
124	盐酸甲氧氯普胺	解热镇痛类	农业部第 560 号公告
125	甲氧氯普胺（盐酸胃复安）	解热镇痛类	农业部第 560 号公告

（续表）

序号	药物名称	类别	引用依据
126	比沙可啶	泻药	农业部第 560 号公告
127	二羟丙茶碱	平喘药	农业部第 560 号公告
128	白细胞介素 -2	解热镇痛类	农业部第 560 号公告
129	别嘌醇	解热镇痛类	农业部第 560 号公告
130	多抗甲素（α-甘露聚糖肽）	解热镇痛类	农业部第 560 号公告
131	注射用的抗生素与安乃近、氟喹诺酮类等化学合成药物的复方制剂	复方制剂	农业部第 560 号公告
132	镇静类药物与解热镇痛药等治疗药物组成的复方制剂	复方制剂	农业部第 560 号公告
133	洛美沙星	抗菌类	农业部第 2292 号公告
134	培氟沙星	抗菌类	农业部第 2292 号公告
135	氧氟沙星	抗菌类	农业部第 2292 号公告
136	诺氟沙星	抗菌类	农业部第 2292 号公告
137	非泼罗尼	杀虫剂	农业部第 2583 号公告
138	喹乙醇	抗菌类	农业部第 2638 号公告
139	氨苯胂酸	抗菌类	农业部第 2638 号公告
140	洛克沙胂	促生长剂	农业部第 2638 号公告

二、注意动物的种属、年龄、性别和个体差异

多数药物对各种动物都能产生类似的作用，但由于各种动物的解剖结构、生理机能及生化反应的不同，对同一药物的反应存在一定差异即种属差异，多为量的差异，少数表现为质的差异。如反刍动物对二甲苯胺噻唑比较敏感，剂量较小即可出现肌肉松弛镇静作用，而猪

对此药则不敏感，剂量较大也达不到理想的肌肉松弛镇静效果；酒石酸锑钾能引起猪呕吐，但对反刍动物则呈现反刍促进作用。

家畜的年龄、性别不同，对药物的反应亦有差异。一般说来，幼龄、老龄动物的药酶活性较低，对药物的敏感性较高，故用量宜适当减少；雌性动物比雄性动物对药物的敏感性要高，在发情期、妊娠期和哺乳期用药，除了一些专用药外，使用其他药物必须考虑母畜的生殖特性。如泻药、利尿药、子宫兴奋药及其他刺激性强的药物，使用不慎可引起流产、早产和不孕等，要尽量避免使用。有些药物如四环素类、氨基苷类等可通过胎盘或乳腺进入胎儿或新生动物体内而影响其生长发育，甚至致畸，故妊娠期、哺乳期要慎用或禁用。在年龄、体重相近的情况下，同种动物中的不同个体，对药物的敏感性也存在差异，称为个体差异。如青霉素等药物可引起某些动物的过敏反应等，临床用药时应予注意。

三、注意药物的给药方法、剂量与疗程

不同的给药途径可直接影响药物的吸收速度和血药浓度的高低，从而决定着药物作用出现得快慢、维持时间长短和药效的强弱，有时还会引起药物作用性质的改变。如硫酸镁内服致泻，而静脉注射则产生中枢神经抑制作用；又如新霉素内服可治疗细菌性肠炎，因很少吸收，故无明显的肾脏毒性，肌内注射给药时肾脏毒性很大，严重者引起死亡，故不可注射给药，而气雾给药时可用于猪传染性萎缩性鼻炎等呼吸系统疾病的治疗。故临床上应根据病情缓急、用药目的及药物本身的性质来确定适宜的给药方法。对危重病例，宜采用注射给药；治疗肠道感染或驱除肠道寄生虫时，宜内服给药；对集约化饲养的畜禽，一般应采用群体用药法，以减轻应激反应；治疗呼吸系统疾病，最好采用呼吸道给药。

药物的剂量是决定药物效应的关键因素，通常是指防治疾病的用量。用药量过小不产生任何效应，在一定范围内，剂量越大作用越强，但用量过大则会引起中毒甚至死亡。临床用药要做到安全有效，

就必须严格掌握药物的剂量范围，用药量应准确，并按规定的时间和次数用药。对安全范围小的药物，应按规定的用法用量使用，不可随意加大剂量。

为达到治愈疾病的目的，大多数药物都要连续或间歇性地反复用药一段时间，称之为疗程。疗程的长短多取决于动物饲养情况、疾病性质和病情需要。一般而言，对散养的动物常见病，对症治疗药物如解热药、利尿药、镇痛药等，一旦症状缓解或改善，可停止使用或进一步做对因治疗；而对集约化饲养的动物感染性疾病如细菌或霉形体性传染病，一定要用药至彻底杀灭入侵的病原体，即治疗要彻底，疗程要足够，一般用药需 3~5 天。疗程不足或症状改善即停止用药，一是易导致病原体产生耐药性，二是疾病易复发。

四、注意药物的配伍禁忌

临床上为了提高疗效，减少药物的不良反应，或治疗不同的并发症，常需同时或短期内先后使用两种或两种以上的药物，称联合用药。由于药物间的相互作用，联用后可使药效增强（协同作用）或不良反应减轻，也可使药效降低、消失（拮抗作用）或出现不应有的不良反应，后者称之为药理性配伍禁忌。联合用药合理，可利用增强作用提高疗效，如磺胺药与增效剂联用，抗菌效能可增强数倍至几十倍；亦可利用拮抗作用来减少副作用或作解毒，如用阿托品对抗水合氯醛引起的支气管腺体分泌的副作用，用中枢兴奋药解救中枢抑制药过量中毒等。但联用不当，则会降低疗效或对机体产生毒性损害。如含钙、镁、铝、铁的药物与四环素合用，因可形成难溶性的络合物，而降低四环素的吸收和作用；又如苯巴比妥可诱导肝药酶的活性，可使同用的维生素 K 减效，并可引起出血。故联合用药时，既要注意药物本身的作用，还要十分注意药物之间的相互作用。

当药物在体外配伍如混用时，亦会因相互作用而出现物理化学变化，导致药效降低或失效，甚至引起毒性反应，这些称为理化性配伍禁忌。如乙酰水杨酸与碱性药物配成散剂，在潮湿时易引起分解；维生素 C 溶液与苯巴比妥钠配伍时，能使后者析出，同时前者亦部分分解；吸附药与抗菌药配合，抗菌药被吸附而使疗效降低，等等；还有出现产气、变色、燃烧、爆炸等。此外，水溶剂与油溶剂配合时会分层；含结晶水的药物相互配伍时，由于条件的改变使其中的结晶水析出，使固体药物变成半固体或泥糊状态；两种固体混合时，可由于熔点的降低而变成溶液（液化）等。理化性配伍禁忌，主要是酸性碱性药物间的配伍问题。

无论是药理性还是理化性配伍禁忌，都会影响到药物的疗效与安全性，必须引起足够的重视。通常一种药物可有效治疗的不应使用多种药物，少数几种药物可解决问题的，不必使用许多药物进行治疗，即做到少而精、安全有效，避免盲目配伍。

五、注意药物在动物性产品中的残留

在集约化养殖业中，药物除了防治动物疾病的传统用途外，有些还作为饲料添加剂以促进生长，提高饲料报酬，改善畜产品质量，提高养殖的经济效益。但在产生有益作用的同时，往往又残留在动物性食品（肉、蛋、奶及其产品）中，间接危害人类的健康。所谓药物残留是指给动物应用兽药或饲料添加剂后，药物的原型及其代谢物蓄积或贮存在动物的组织、细胞、器官或可食性产品中。残留量以每千克（或每升）食品中的药物及其衍生物残留的重量表示，如毫克 / 千克或毫克 / 升、微克 / 千克或微克 / 升。兽药残留对人类健康主要有 3 个方面的影响。一是对消费者的毒性作用。主要有致畸、致突变或致癌作用（如硝基呋喃类、砷制剂已被证明有致癌作用，许多国家已禁用于食品动物）、急慢性毒性（如人食用含有盐酸克仑特罗的猪肺可发生急性中毒等）、激素样作用（如人吃了含有雌激素或同化激素的食品则会干扰人的激素功能）、过敏反应等。二是对人类肠道微生物的不良影响，使部分敏感菌受到抑制或被杀死，致使平衡破坏。有些条件性致病菌（如大肠杆菌）可能大量繁殖，或体外病原菌侵入，损害人类健康。三是使人类病原菌耐药性增加。抗菌药物在动物性食品中的残留可能使人类的病原菌长期接触这些低浓度的药物，从而产生耐药性；再者，食品动物使用低剂量抗菌药物作促生长剂时容易产生耐药性。临床致病菌耐药性的不断增加，使抗菌药的药效降低，使用寿命缩短。

为保证人类的健康，许多国家对用于食品动物的抗生素、合成抗菌药、抗寄生虫药、激素等，规定了最高残留限量和休药期。最高残留限量（MRL）原称允许残留量，是指允许在动物性食品表面或内部残留药物的最高量。具体地说，是指在屠宰以及收获、加工、贮存和销售等特定时期，直到被人消费时，动物性食品中药物残留的最高允许量。如违反规定，肉、蛋、奶中的药物残留量超过规定浓度，则将受到严厉处罚。近年来，因药物残留问题，严重影响了我国禽肉、兔肉、羊肉、牛肉的对外出口，故给食品动物用药时，必须注意有关药物的休药期规定。所谓休药期，系指允许屠宰畜禽及其产品（乳、蛋）允许上市前的停药时间。规定休药期，是为了减少或避免畜产品中药物的超量残留，由于动物种属、药物种类、剂型、用药剂量和给药途径不同，休药期长短亦有很大差别，故在食品动物或其产品上市前的一段时间内，应遵守休药期规定停药一定时间，以免造成出口产品的经济损失或影响人们的健康。对有些药物，还提出有应用限制，如有些药物禁用于犊牛，有些禁用于产蛋鸡群或泌乳牛等，使用药物时都需十分注意。

2003 年 5 月 22 日农业部公告第 278 号发布了兽药国家标准中部分品种停药期规定（表 2–3），并确定了部分不需制订停药期规定的品种（表 2–4）。

表 2–3　停药期规定

	兽药名称	执行标准	停药期
1	乙酰甲喹片	兽药规范 92 版	牛、猪 35 日
2	二氢吡啶	部颁标准	牛、肉鸡 7 日，弃奶期 7 日
3	二硝托胺预混剂	兽药典 2000 版	鸡 3 日，产蛋期禁用

（续表）

	兽药名称	执行标准	停药期
4	土霉素片	兽药典 2000 版	牛、羊、猪 7 日，禽 5 日，弃蛋期 2 日，弃奶期 3 日
5	土霉素注射液	部颁标准	牛、羊、猪 28 日，弃奶期 7 日
6	马杜霉素预混剂	部颁标准	鸡 5 日，产蛋期禁用
7	双甲脒溶液	兽药典 2000 版	牛、羊 21 日，猪 8 日，弃奶期 48 小时，禁用于产奶羊和水生动物杀虫剂
8	巴胺磷溶液	部颁标准	羊 14 日
9	水杨酸钠注射液	兽药规范 65 版	牛 0 日，弃奶期 48 小时
10	四环素片	兽药典 90 版	牛 12 日、猪 10 日、鸡 4 日，产蛋期禁用，产奶期禁用
11	甲砜霉素片	部颁标准	28 日，弃奶期 7 日
12	甲砜霉素散	部颁标准	28 日，弃奶期 7 日，鱼 500 度日（注：温度乘以天数，500 度日就是 20℃的情况下为 25 天，25℃的情况下就是 20 天）
13	甲基前列腺素 F2a 注射液	部颁标准	牛 1 日，猪 1 日，羊 1 日
14	甲硝唑片	兽药典 2000 版	牛 28 日，禁用于促生长
15	甲磺酸达氟沙星注射液	部颁标准	猪 25 日
16	甲磺酸达氟沙星粉	部颁标准	鸡 5 日，产蛋鸡禁用
17	甲磺酸达氟沙星溶液	部颁标准	鸡 5 日，产蛋鸡禁用
18	甲磺酸培氟沙星可溶性粉	部颁标准	农业部 2292 号公告已全面禁用
19	甲磺酸培氟沙星注射液	部颁标准	农业部 2292 号公告已全面禁用
20	甲磺酸培氟沙星颗粒	部颁标准	农业部 2292 号公告已全面禁用

（续表）

	兽药名称	执行标准	停药期
21	亚硒酸钠维生素 E 注射液	兽药典 2000 版	牛、羊、猪 28 日
22	亚硒酸钠维生素 E 预混剂	兽药典 2000 版	牛、羊、猪 28 日
23	亚硫酸氢钠甲萘醌注射液	兽药典 2000 版	0 日
24	伊维菌素注射液	兽药典 2000 版	牛、羊 35 日，猪 28 日，泌乳期禁用
25	吉他霉素片	兽药典 2000 版	猪、鸡 7 日，产蛋期禁用
26	吉他霉素预混剂	部颁标准	猪、鸡 7 日，产蛋期禁用
27	地西泮注射液	兽药典 2000 版	28 日
28	地克珠利预混剂	部颁标准	鸡 5 日，产蛋期禁用
29	地克珠利溶液	部颁标准	鸡 5 日，产蛋期禁用
30	地美硝唑预混剂	兽药典 2000 版	猪、鸡 28 日，产蛋期禁用
31	地塞米松磷酸钠注射液	兽药典 2000 版	牛、羊、猪 21 日，弃奶期 3 日
32	安乃近片	兽药典 2000 版	牛、羊、猪 28 日，弃奶期 7 日
33	安乃近注射液	兽药典 2000 版	牛、羊、猪 28 日，弃奶期 7 日
34	安钠咖注射液	兽药典 2000 版	牛、羊、猪 28 日，弃奶期 7 日
35	那西肽预混剂	部颁标准	鸡 7 日，产蛋期禁用
36	吡喹酮片	兽药典 2000 版	28 日，弃奶期 7 日
37	芬苯哒唑片	兽药典 2000 版	牛、羊 21 日，猪 3 日，弃奶期 7 日
38	芬苯哒唑粉（苯硫苯咪唑粉剂）	兽药典 2000 版	牛、羊 14 日，猪 3 日，弃奶期 5 日
39	苄星邻氯青霉素注射液	部颁标准	牛 28 日，产犊后 4 天禁用，泌乳期禁用
40	阿司匹林片	兽药典 2000 版	0 日

（续表）

	兽药名称	执行标准	停药期
41	阿苯达唑片	兽药典 2000 版	牛 14 日，羊 4 日，猪 7 日，禽 4 日，弃奶期 60 小时
42	阿莫西林可溶性粉	部颁标准	鸡 7 日，产蛋鸡禁用
43	阿维菌素片	部颁标准	羊 35 日，猪 28 日，泌乳期禁用
44	阿维菌素注射液	部颁标准	羊 35 日，猪 28 日，泌乳期禁用
45	阿维菌素粉	部颁标准	羊 35 日，猪 28 日，泌乳期禁用
46	阿维菌素胶囊	部颁标准	羊 35 日，猪 28 日，泌乳期禁用
47	阿维菌素透皮溶液	部颁标准	牛、猪 42 日，泌乳期禁用
48	乳酸环丙沙星可溶性粉	部颁标准	禽 8 日，产蛋鸡禁用
49	乳酸环丙沙星注射液	部颁标准	牛 14 日，猪 10 日，禽 28 日，弃奶期 84 小时
50	乳酸诺氟沙星可溶性粉	部颁标准	农业部 2292 号公告已全面禁用
51	注射用三氮脒	兽药典 2000 版	28 日，弃奶期 7 日
52	注射用苄星青霉素（注射用苄星青霉素 G）	兽药规范 78 版	牛、羊 4 日，猪 5 日，弃奶期 3 日
53	注射用乳糖酸红霉素	兽药典 2000 版	牛 14 日，羊 3 日，猪 7 日，弃奶期 3 日
54	注射用苯巴比妥钠	兽药典 2000 版	28 日，弃奶期 7 日
55	注射用苯唑西林钠	兽药典 2000 版	牛、羊 14 日，猪 5 日，弃奶期 3 日
56	注射用青霉素钠	兽药典 2000 版	0 日，弃奶期 3 日
57	注射用青霉素钾	兽药典 2000 版	0 日，弃奶期 3 日

（续表）

	兽药名称	执行标准	停药期
58	注射用氨苄青霉素钠	兽药典 2000 版	牛 6 日，猪 15 日，弃奶期 48 小时
59	注射用盐酸土霉素	兽药典 2000 版	牛、羊、猪 8 日，弃奶期 48 小时
60	注射用盐酸四环素	兽药典 2000 版	牛、羊、猪 8 日，弃奶期 48 小时
61	注射用酒石酸泰乐菌素	部颁标准	牛 28 日，猪 21 日，弃奶期 96 小时
62	注射用喹嘧胺	兽药典 2000 版	28 日，弃奶期 7 日
63	注射用氯唑西林钠	兽药典 2000 版	牛 10 日，弃奶期 2 日
64	注射用硫酸双氢链霉素	兽药典 90 版	牛、羊、猪 18 日，弃奶期 72 小时
65	注射用硫酸卡那霉素	兽药典 2000 版	28 日，弃奶期 7 日
66	注射用硫酸链霉素	兽药典 2000 版	牛、羊、猪 18 日，弃奶期 72 小时
67	环丙氨嗪预混剂（1%）	部颁标准	鸡 3 日
68	苯丙酸诺龙注射液	兽药典 2000 版	28 日，弃奶期 7 日
69	苯甲酸雌二醇注射液	兽药典 2000 版	28 日，弃奶期 7 日
70	复方水杨酸钠注射液	兽药规范 78 版	28 日，弃奶期 7 日
71	复方甲苯咪唑粉	部颁标准	鳗 150 度日
72	复方阿莫西林粉	部颁标准	鸡 7 日，产蛋期禁用
73	复方氨苄西林片	部颁标准	鸡 7 日，产蛋期禁用
74	复方氨苄西林粉	部颁标准	鸡 7 日，产蛋期禁用
75	复方氨基比林注射液	兽药典 2000 版	28 日，弃奶期 7 日
76	复方磺胺对甲氧嘧啶片	兽药典 2000 版	28 日，弃奶期 7 日
77	复方磺胺对甲氧嘧啶钠注射液	兽药典 2000 版	28 日，弃奶期 7 日
78	复方磺胺甲噁唑片	兽药典 2000 版	28 日，弃奶期 7 日

（续表）

	兽药名称	执行标准	停药期
79	复方磺胺氯哒嗪钠粉	部颁标准	猪 4 日，鸡 2 日，产蛋期禁用
80	复方磺胺嘧啶钠注射液	兽药典 2000 版	牛、羊 12 日，猪 20 日，弃奶期 48 小时
81	枸橼酸乙胺嗪片	兽药典 2000 版	28 日，弃奶期 7 日
82	枸橼酸哌嗪片	兽药典 2000 版	牛、羊 28 日，猪 21 日，禽 14 日
83	氟苯尼考注射液	部颁标准	猪 14 日，鸡 28 日，鱼 375 度日
84	氟苯尼考粉	部颁标准	猪 20 日，鸡 5 日，鱼 375 度日
85	氟苯尼考溶液	部颁标准	鸡 5 日，产蛋期禁用
86	氟胺氰菊酯条	部颁标准	流蜜期禁用
87	氢化可的松注射液	兽药典 2000 版	0 日
88	氢溴酸东莨菪碱注射液	兽药典 2000 版	28 日，弃奶期 7 日
89	洛克沙胂预混剂	部颁标准	5 日，产蛋期禁用。2018 年农业部公告第 2638 号，自 2019 年 5 月 1 日起，食品动物全面禁用
90	恩诺沙星片	兽药典 2000 版	鸡 8 日，产蛋鸡禁用
91	恩诺沙星可溶性粉	部颁标准	鸡 8 日，产蛋鸡禁用
92	恩诺沙星注射液	兽药典 2000 版	牛、羊 14 日，猪 10 日，兔 14 日
93	恩诺沙星溶液	兽药典 2000 版	禽 8 日，产蛋鸡禁用
94	氧阿苯达唑片	部颁标准	羊 4 日
95	氧氟沙星片 58	部颁标准	农业部 2292 号公告已全面禁用
96	氧氟沙星可溶性粉	部颁标准	农业部 2292 号公告已全面禁用
97	氧氟沙星注射液	部颁标准	农业部 2292 号公告已全面禁用

（续表）

	兽药名称	执行标准	停药期
98	氧氟沙星溶液（碱性）	部颁标准	农业部 2292 号公告已全面禁用
99	氧氟沙星溶液（酸性）	部颁标准	农业部 2292 号公告已全面禁用
100	氨苯胂酸预混剂	部颁标准	5 日，产蛋鸡禁用。2018 年农业部公告第 2638 号，自 2019 年 5 月 1 日起，食品动物全面禁用
101	氨茶碱注射液	兽药典 2000 版	28 日，弃奶期 7 日
102	海南霉素钠预混剂	部颁标准	鸡 7 日，产蛋期禁用
103	烟酸诺氟沙星可溶性粉	部颁标准	农业部 2292 号公告已全面禁用
104	烟酸诺氟沙星注射液	部颁标准	农业部 2292 号公告已全面禁用
105	烟酸诺氟沙星溶液	部颁标准	农业部 2292 号公告已全面禁用
106	盐酸二氟沙星片	部颁标准	鸡 1 日
107	盐酸二氟沙星注射液	部颁标准	猪 45 日
108	盐酸二氟沙星粉	部颁标准	鸡 1 日
109	盐酸二氟沙星溶液	部颁标准	鸡 1 日
110	盐酸大观霉素可溶性粉	兽药典 2000 版	鸡 5 日，产蛋期禁用
111	盐酸左旋咪唑	兽药典 2000 版	牛 2 日，羊 3 日，猪 3 日，禽 28 日，泌乳期禁用
112	盐酸左旋咪唑注射液	兽药典 2000 版	牛 14 日，羊 28 日，猪 28 日，泌乳期禁用
113	盐酸多西环素片	兽药典 2000 版	28 日
114	盐酸异丙嗪片	兽药典 2000 版	28 日
115	盐酸异丙嗪注射液	兽药典 2000 版	28 日，弃奶期 7 日
116	盐酸沙拉沙星可溶性粉	部颁标准	鸡 0 日，产蛋期禁用

（续表）

	兽药名称	执行标准	停药期
117	盐酸沙拉沙星注射液	部颁标准	猪0日，鸡0日，产蛋期禁用
118	盐酸沙拉沙星溶液	部颁标准	鸡0日，产蛋期禁用
119	盐酸沙拉沙星片	部颁标准	鸡0日，产蛋期禁用
120	盐酸林可霉素片	兽药典2000版	猪6日
121	盐酸林可霉素注射液	兽药典2000版	猪2日
122	盐酸环丙沙星、盐酸小檗碱预混剂	部颁标准	500度日
123	盐酸环丙沙星可溶性粉	部颁标准	28日，产蛋鸡禁用
124	盐酸环丙沙星注射液	部颁标准	28日，产蛋鸡禁用
125	盐酸苯海拉明注射液	兽药典2000版	28日，弃奶期7日
126	盐酸洛美沙星片	部颁标准	农业部2292号公告已全面禁用
127	盐酸洛美沙星可溶性粉	部颁标准	农业部2292号公告已全面禁用
128	盐酸洛美沙星注射液	部颁标准	农业部2292号公告已全面禁用
129	盐酸氨丙啉、乙氧酰胺苯甲酯、磺胺喹噁啉预混剂	兽药典2000版	鸡10日，产蛋鸡禁用
130	盐酸氨丙啉、乙氧酰胺苯甲酯预混剂	兽药典2000版	鸡3日，产蛋期禁用
131	盐酸氯丙嗪片	兽药典2000版	28日，弃奶期7日，禁用于促生长
132	盐酸氯丙嗪注射液	兽药典2000版	28日，弃奶期7日，禁用于促生长
133	盐酸氯苯胍片	兽药典2000版	鸡5日，兔7日，产蛋期禁用
134	盐酸氯苯胍预混剂	兽药典2000版	鸡5日，兔7日，产蛋期禁用
135	盐酸氯胺酮注射液	兽药典2000版	28日，弃奶期7日
136	盐酸赛拉唑注射液	兽药典2000版	28日，弃奶期7日
137	盐酸赛拉嗪注射液	兽药典2000版	牛、羊14日，鹿15日

（续表）

	兽药名称	执行标准	停药期
138	盐霉素钠预混剂	兽药典 2000 版	鸡 5 日，产蛋期禁用
139	诺氟沙星、盐酸小檗碱预混剂	部颁标准	农业部 2292 号公告已全面禁用
140	酒石酸吉他霉素可溶性粉	兽药典 2000 版	鸡 7 日，产蛋期禁用
141	酒石酸泰乐菌素可溶性粉	兽药典 2000 版	鸡 1 日，产蛋期禁用
142	维生素 B_{12} 注射液	兽药典 2000 版	0 日
143	维生素 B_1 片	兽药典 2000 版	0 日
144	维生素 B_1 注射液	兽药典 2000 版	0 日
145	维生素 B_2 片	兽药典 2000 版	0 日
146	维生素 B_2 注射液	兽药典 2000 版	0 日
147	维生素 B_6 片	兽药典 2000 版	0 日
148	维生素 B_6 注射液	兽药典 2000 版	0 日
149	维生素 C 片	兽药典 2000 版	0 日
150	维生素 C 注射液	兽药典 2000 版	0 日
151	维生素 C 磷酸酯镁、盐酸环丙沙星预混剂	部颁标准	500 度日
152	维生素 D_3 注射液	兽药典 2000 版	28 日，弃奶期 7 日
153	维生素 E 注射液	兽药典 2000 版	牛、羊、猪 28 日
154	维生素 K_1 注射液	兽药典 2000 版	0 日
155	喹乙醇预混剂	兽药典 2000 版	猪 35 日，禁用于禽、鱼、35 千克以上的猪。2019 年 5 月 1 日起，食品动物全面禁用
156	奥芬达唑片（苯亚砜哒唑）	兽药典 2000 版	牛、羊、猪 7 日，产奶期禁用
157	普鲁卡因青霉素注射液	兽药典 2000 版	牛 10 日，羊 9 日，猪 7 日，弃奶期 48 小时
158	氯羟吡啶预混剂	兽药典 2000 版	鸡 5 日，兔 5 日，产蛋期禁用
159	氯氰碘柳胺钠注射液	部颁标准	28 日，弃奶期 28 日
160	氯硝柳胺片	兽药典 2000 版	牛、羊 28 日

（续表）

	兽药名称	执行标准	停药期
161	氰戊菊酯溶液	部颁标准	28 日
162	硝氯酚片	兽药典 2000 版	28 日
163	硝碘酚腈注射液（克虫清）	部颁标准	羊 30 日，弃奶期 5 日
164	硫氰酸红霉素可溶性粉	兽药典 2000 版	鸡 3 日，产蛋期禁用
165	硫酸卡那霉素注射液（单硫酸盐）	兽药典 2000 版	28 日
166	硫酸安普霉素可溶性粉	部颁标准	猪 21 日，鸡 7 日，产蛋期禁用
167	硫酸安普霉素预混剂	部颁标准	猪 21 日
168	硫酸庆大—小诺霉素注射液	部颁标准	猪、鸡 40 日
169	硫酸庆大霉素注射液	兽药典 2000 版	猪 40 日
170	硫酸黏菌素可溶性粉	部颁标准	7 日，产蛋期禁用。2016 年已禁止硫酸黏菌素预混剂用于动物促生长
171	硫酸黏菌素预混剂	部颁标准	7 日，产蛋期禁用。2016 年已禁止硫酸黏菌素预混剂用于动物促生长
172	硫酸新霉素可溶性粉	兽药典 2000 版	鸡 5 日，火鸡 14 日，产蛋期禁用
173	越霉素 A 预混剂	部颁标准	猪 15 日，鸡 3 日，产蛋期禁用
174	碘硝酚注射液	部颁标准	羊 90 日，弃奶期 90 日
175	碘醚柳胺混悬液	兽药典 2000 版	牛、羊 60 日，泌乳期禁用
176	精制马拉硫磷溶液	部颁标准	28 日
177	精制敌百虫片	兽药规范 92 版	28 日
178	蝇毒磷溶液	部颁标准	28 日
179	醋酸地塞米松片	兽药典 2000 版	马、牛 0 日
180	醋酸泼尼松片	兽药典 2000 版	0 日
181	醋酸氟孕酮阴道海绵	部颁标准	羊 30 日，泌乳期禁用

（续表）

	兽药名称	执行标准	停药期
182	醋酸氢化可的松注射液	兽药典 2000 版	0 日
183	磺胺二甲嘧啶片	兽药典 2000 版	牛 10 日，猪 15 日，禽 10 日
184	磺胺二甲嘧啶钠注射液	兽药典 2000 版	28 日
185	磺胺对甲氧嘧啶，二甲氧苄氨嘧啶片	兽药规范 92 版	28 日
186	磺胺对甲氧嘧啶、二甲氧苄氨嘧啶预混剂	兽药典 90 版	28 日，产蛋期禁用
187	磺胺对甲氧嘧啶片	兽药典 2000 版	28 日
188	磺胺甲噁唑片	兽药典 2000 版	28 日
189	磺胺间甲氧嘧啶片	兽药典 2000 版	28 日
190	磺胺间甲氧嘧啶钠注射液	兽药典 2000 版	28 日
191	磺胺脒片	兽药典 2000 版	28 日
192	磺胺喹噁啉、二甲氧苄氨嘧啶预混剂	兽药典 2000 版	鸡 10 日，产蛋期禁用
193	磺胺喹噁啉钠可溶性粉	兽药典 2000 版	鸡 10 日，产蛋期禁用
194	磺胺氯吡嗪钠可溶性粉	部颁标准	火鸡 4 日、肉鸡 1 日，产蛋期禁用
195	磺胺嘧啶片	兽药典 2000 版	牛 28 日
196	磺胺嘧啶钠注射液	兽药典 2000 版	牛 10 日，羊 18 日，猪 10 日，弃奶期 3 日
197	磺胺噻唑片	兽药典 2000 版	28 日
198	磺胺噻唑钠注射液	兽药典 2000 版	28 日
199	磷酸左旋咪唑片	兽药典 90 版	牛 2 日，羊 3 日，猪 3 日，禽 28 日，泌乳期禁用
200	磷酸左旋咪唑注射液	兽药典 90 版	牛 14 日，羊 28 日，猪 28 日，泌乳期禁用
201	磷酸哌嗪片（驱蛔灵片）	兽药典 2000 版	牛、羊 28 日，猪 21 日，禽 14 日
202	磷酸泰乐菌素预混剂	部颁标准	鸡、猪 5 日

表 2-4　不需要制订停药期的兽药品种

	兽药名称	标准来源
1	乙酰胺注射液	兽药典 2000 版
2	二甲硅油	兽药典 2000 版
3	二巯丙磺钠注射液	兽药典 2000 版
4	三氯异氰脲酸粉	部颁标准
5	大黄碳酸氢钠片	兽药规范 92 版
6	山梨醇注射液	兽药典 2000 版
7	马来酸麦角新碱注射液	兽药典 2000 版
8	马来酸氯苯那敏片	兽药典 2000 版
9	马来酸氯苯那敏注射液	兽药典 2000 版
10	双氢氯噻嗪片	兽药规范 78 版
11	月苄三甲氯铵溶液	部颁标准
12	止血敏注射液	兽药规范 78 版
13	水杨酸软膏	兽药规范 65 版
14	丙酸睾酮注射液	兽药典 2000 版
15	右旋糖酐铁钴注射液（铁钴针注射液）	兽药规范 78 版
16	右旋糖酐 40 氯化钠注射液	兽药典 2000 版
17	右旋糖酐 40 葡萄糖注射液	兽药典 2000 版
18	右旋糖酐 70 氯化钠注射液	兽药典 2000 版
19	叶酸片	兽药典 2000 版
20	四环素醋酸可的松眼膏	兽药规范 78 版
21	对乙酰氨基酚片	兽药典 2000 版
22	对乙酰氨基酚注射液	兽药典 2000 版
23	尼可刹米注射液	兽药典 2000 版
24	甘露醇注射液	兽药典 2000 版
25	甲基硫酸新斯的明注射液	兽药规范 65 版
26	亚硝酸钠注射液	兽药典 2000 版
27	安络血注射液	兽药规范 92 版
28	次硝酸铋（碱式硝酸铋）	兽药典 2000 版
29	次碳酸铋（碱式碳酸铋）	兽药典 2000 版

（续表）

	兽药名称	标准来源
30	呋塞米片	兽药典 2000 版
31	呋塞米注射液	兽药典 2000 版
32	辛氨乙甘酸溶液	部颁标准
33	乳酸钠注射液	兽药典 2000 版
34	注射用异戊巴比妥钠	兽药典 2000 版
35	注射用血促性素	兽药规范 92 版
36	注射用抗血促性素血清	部颁标准
37	注射用垂体促黄体素	兽药规范 78 版
38	注射用促黄体素释放激素 A2	部颁标准
39	注射用促黄体素释放激素 A3	部颁标准
40	注射用绒促性素	兽药典 2000 版
41	注射用硫代硫酸钠	兽药规范 65 版
42	注射用解磷定	兽药规范 65 版
43	苯扎溴铵溶液	兽药典 2000 版
44	青蒿琥酯片	部颁标准
45	鱼石脂软膏	兽药规范 78 版
46	复方氯化钠注射液	兽药典 2000 版
47	复方氯胺酮注射液	部颁标准
48	复方磺胺噻唑软膏	兽药规范 78 版
49	复合维生素 B 注射液	兽药规范 78 版
50	宫炎清溶液	部颁标准
51	枸橼酸钠注射液	兽药规范 92 版
52	毒毛花苷 K 注射液	兽药典 2000 版
53	氢氯噻嗪片	兽药典 2000 版
54	洋地黄毒苷注射液	兽药规范 78 版
55	浓氯化钠注射液	兽药典 2000 版
56	重酒石酸去甲肾上腺素注射液	兽药典 2000 版
57	烟酰胺片	兽药典 2000 版
58	烟酰胺注射液	兽药典 2000 版
59	烟酸片	兽药典 2000 版

（续表）

	兽药名称	标准来源
60	盐酸大观霉素、盐酸林可霉素可溶性粉	兽药典 2000 版
61	盐酸利多卡因注射液	兽药典 2000 版
62	盐酸肾上腺素注射液	兽药规范 78 版
63	盐酸甜菜碱预混剂	部颁标准
64	盐酸麻黄碱注射液	兽药规范 78 版
65	萘普生注射液	兽药典 2000 版
66	酚磺乙胺注射液	兽药典 2000 版
67	黄体酮注射液	兽药典 2000 版
68	氯化胆碱溶液	部颁标准
69	氯化钙注射液	兽药典 2000 版
70	氯化钙葡萄糖注射液	兽药典 2000 版
71	氯化氨甲酰甲胆碱注射液	兽药典 2000 版
72	氯化钾注射液	兽药典 2000 版
73	氯化琥珀胆碱注射液	兽药典 2000 版
74	氯甲酚溶液	部颁标准
75	硫代硫酸钠注射液	兽药典 2000 版
76	硫酸新霉素软膏	兽药规范 78 版
77	硫酸镁注射液	兽药典 2000 版
78	葡萄糖酸钙注射液	兽药典 2000 版
79	溴化钙注射液	兽药规范 78 版
80	碘化钾片	兽药典 2000 版
81	碱式碳酸铋片	兽药典 2000 版
82	碳酸氢钠片	兽药典 2000 版
83	碳酸氢钠注射液	兽药典 2000 版
84	醋酸泼尼松眼膏	兽药典 2000 版
85	醋酸氟轻松软膏	兽药典 2000 版

（续表）

	兽药名称	标准来源
86	硼葡萄糖酸钙注射液	部颁标准
87	输血用枸橼酸钠注射液	兽药规范 78 版
88	硝酸士的宁注射液	兽药典 2000 版
89	醋酸可的松注射液	兽药典 2000 版
90	碘解磷定注射液	兽药典 2000 版
91	中药及中药成分制剂、维生素类、微量元素类、兽用消毒剂、生物制品类等五类产品（产品质量标准中有除外）	

为了保证动物性产品的安全，近年来各国都对食品动物禁用药物品种作了明确的规定，我国兽药管理部门也规定了禁用药品清单。规模化养殖场专职兽医和食品动物饲养人员均应严格执行这些规定，严禁非法使用违禁药物。为避免兽药残留，还要严格执行兽药使用的登记制度，兽药及养殖人员必须对使用兽药的品种、剂型、剂量、给药途径、疗程或添加时间等进行登记，以备检查；还应避免标签外用药，以保证动物性食品的安全。

六、无公害畜产品审阅注意事项

（1）用药品种目录中应无禁用药清单中品种。使用品种符合允许使用药物添加剂规定。

（2）具有禁止应用禁用药、激素类、原料药相关规定。具有符合停药期相关规定要求。

（3）对用药记录，查看与规定应用药物目录是否一致；治疗药物有无治疗期，使用药物添加剂是否有停药期。

（4）对检验报告，检验报告禁用药等不得检出的检测结果符合规定；检测限符合相关要求。

第二节　兽药的合理选购和贮存

一、正确选购兽药

近年来，随着畜牧业生产的快速发展和疾病的不断变化，兽药用量也大大增加，一批批兽药生产企业迅速崛起，兽药市场异常繁荣。与此同时，一些假、劣兽药也相继流入市场。按照兽药管理法规规定，假兽药是指：以非兽药冒充兽药的；兽药所含成分的种类、名称与国家标准、专业标准或者地方标准不符合的；未取得批准文号的；国务院农牧行政管理机关明文规定禁止使用的。劣兽药是指：兽药成分含量与国家标准、专业标准或者地方标准规定不符合的；超过有效期的；因变质不能药用的；因被污染不能药用的；其他与兽药标准规定不符合，但不属于假兽药的。面对品种繁多、真伪难辨的各种兽药，广大养殖户应做到正确选购和使用。如何在纷繁的兽药市场中选购兽药，应注意以下几个问题。

（一）到合法部门购买

购药时应选择信誉好、兽药 GSP 认证的、持有畜牧部门核发的《兽药经营许可证》和工商部门核发的《营业执照》的兽药经营部门购买，并应向卖方索要购药发票，注明所购药品的详细情况。

（二）兽药产品有无生产批准文号

使用过期兽药批准文号的兽药产品均为假兽药。兽药批准文号必须按农业部规定的统一编号格式，如果使用文件号或其他编号（如生产许可证号）代替、冒充兽药生产批准文号，该产品视为无批准文号产品，同样以假兽药进行处理。进口兽药必须有登记许可证号。

（三）成件的兽药产品有无产品质量合格证

检查内包装上是否附有检验合格标志，包装箱内有无检验合格证。

（四）仔细阅读兽药包装标签和说明书

兽药的包装、标签及说明书上必须注明兽药批准文号、注册商标、生产厂家、厂址、生产日期（或批号）、品名、有效成分、含量、规格、作用、用途、用法、用量、注意事项、有效期等，缺一不可。

（五）要注意药品的生产日期和有效期

购买和使用药品者，必须小心注意药物的生产日期和有效期限，不要购买和使用过期的药品。

（六）不要购买使用变质的药物

药物经过一段时间保存，尤其是当保存不善时，有的已发生潮解，有的会氧化、碳酸化、光化，以致药物解体、变色、发生沉淀等变化。南方气候炎热而潮湿，某些药物易发霉而变质。药物一旦变质，不但不能治病，并且由于其中可能含有多种毒性物质，会使动物发生不良反应甚至中毒。观察药物是否变质，一方面注意其外包装有无破损、变潮、霉变、污染等，用瓶包装的应检查瓶盖是否密封，封口是否严密，有无松动现象，检查有无裂缝或药液漏出；另一方面注意检查药品内在质量。

1. 片剂

外观应完整光洁、色泽均匀，有适宜的硬度，无花斑、黑点，无破碎、发黏、变色，无异臭味。

2. 粉针剂

主要观察有无粘瓶、变色、结块、变质等。

3. 散剂（含预混剂）

散剂应干燥疏松、颗粒均匀、色泽一致，无吸潮结块、霉变、发黏等现象。

4. 水针剂

水针剂要看其色泽、透明度、装量有无异常，外观药液必须澄清，无混浊、变色、结晶、生菌等现象，否则不能使用。

5. 中药材

主要看其有无吸潮霉变、虫蛀、鼠咬等。

另外，所购买的兽药虽没有以上情况，但按照说明用药后，没有效果的，可提取样品到当地兽药管理部门进行检验，如属不合格产品，可凭检验报告索赔损失。广大养殖户要积极参与打假，在购买和使用兽药时，如发现假劣兽药或因药品质量造成畜禽伤亡的，应及时向畜牧行政主管部门或向消费者协会等部门举报，并保存好实物证据，有关部门会维护消费者的合法权益。

（七）细心比较不同包装、不同规格的同一药品

有些含量低的制剂听起来很便宜，但按有效成分计算起来，往往比含量高的制剂更贵些。因为有效成分含量越低，需加入的赋形剂也就越多，同时包装成本增加，所以价格实际更高。

二、兽药的贮存与保管

兽药的贮存和保管方法应根据不同的兽药采用不同的贮存和保管方法，一般药物的包装上都有说明，应仔细阅读，妥善保管。药物如果保存不当，就会失效、变质、不能使用。促使药品变质、失效的外界主要因素有空气、湿度、光线、温度及时间、微生物和昆虫等。

在空气中易变质的兽药，如遇光易分解、易吸潮、易风化的药品应装在密封的容器中，于遮光、阴凉处保存。受热易挥发、易分解和易变质的药品，需在 3~10℃条件下保存。化学性质作用相反的药品，应分开存放，如酸类与碱类药品。具有特殊气味的药品，应密封后与一般药品隔离贮存。专供外用的药品，应与内服药品分开贮存。杀虫、灭鼠药有毒，应单独存放。名称容易混淆的药品，要注意分别贮存，以免发生差错。药品的性质不同，应选用不同的瓶塞，如氯仿、松节油，宜用磨口玻璃塞，禁用橡皮塞，氢氧化钠则相反。另外，用纸盒、纸袋、塑料袋包装的药品，要注意防止鼠咬及虫蛀。

（一）药品保管的一般方法

1. 注射剂的保管

遇光易变质的水针剂如维生素等，应避光保存。遇热易变质的水针剂，如抗生素、生物制品、酚类等，应按规定的温度，根据不同的

季节，选择适当的保存方法。炎热季节应注意经常检查，因温度过高，可促进氧化、分解等化学反应的进行，药物效价降低，加速药品变质。如生物制品应低温保存，抗生素类应置阴凉干燥处避光保存，胶塞铝盖包装的粉针剂，应注意防潮，贮存于干燥处，且不得倒置。

钙、钠盐类注射液如氯化钠、碳酸氢钠、氯化钙等，久贮后药液能侵蚀玻璃，尤其对质量差的安瓿，使注射液产生浑浊或白色。因此，这类药液不宜久存，并注意检查其澄明度。水针剂冬季应注意防冻。

2. 片剂的保存

片剂应密闭在干燥处保存，防止受潮发霉变质。维生素C、磺胺类药物等对光敏感的片剂，必须盛装在棕色瓶等避光容器内，避光保存。

3. 散剂的保存

散剂均应在干燥阴凉处密封保存，遇光易变质药品的散剂还需避光保存。

（二）有效期药品的保存

1. 抗生素

抗生素主要是控制湿度，应保存于阴凉干燥处。

2. 生物制品

生物制品具有蛋白质性质，因其是由微生物及其代谢产物制成的，所以怕热、怕光，有的还怕冻。各种生物药品的保存条件分述于本章第三节。

3. 危险药品的保存

危险药品是指受到光、热、空气等影响可引起爆炸、自燃、助燃或具有强腐蚀性、刺激性和剧毒性的药物，如易燃的乙醇、樟脑，氧化剂高锰酸钾，有腐蚀性的氢氧化钠、苯酚等。对危险药品应按其特性分类存放，并间隔一定距离，不能与其他药品混放在一起，保存时注意避光、防晒、防潮、防撞击，要远离火源。

4. 毒剧药品的保存

毒剧药品包括毒药和剧药两大类。

毒药是指药理作用剧烈、安全剂量范围小，极量与致死量非常接近，超过极量在短期内即可引起中毒或死亡的药品，如敌百虫、盐酸士的宁等。

剧药是指药理作用强烈，极量与致死量比较接近，应用超过极量，会出现不良反应，甚至造成死亡的药物，如安钠咖注射液、己烯雌酚等。

毒剧药品的保存应做到：专柜存放，专人负责，品种之间要用隔板隔离，每个药品要有明显的标记，以免混错。

使用时控制用量和用药次数；称量要准确无误，现用现取，避免误服。

5. 中草药和中成药的保存

中草药和中成药的保存方法基本相同，主要是防虫蛀、防霉变、防鼠。夏季要注意防潮、防热、防晒、防霉、防蛀；冬季应注意防冻。中成药不宜久贮。

第三节　羊场常用药物与正确使用

一、常用药物的分类与保存

（一）常用药物的分类

1. 抗微生物药

青霉素、红霉素、庆大霉素，氟哌酸、氯霉素、环丙沙星等。

2. 驱虫药

盐酸噻咪唑（驱虫净）、丙硫咪唑、敌敌畏、阿维菌素等。

3. 作用于消化系统的药物

健胃药、促反刍药及止酵药，如马钱子酊、胃蛋白酶、干酵母、鱼石脂等；泻药、止泻药及解痉药，如硫酸钠、硫酸镁、液体石蜡、活性炭等。

4. 作用于呼吸系统的药物

氯化铵、咳必清、复方甘草片、氨茶碱等。

5. 作用于泌尿、生殖系统的药物

利尿酸、乌洛托品、绒毛膜促性腺激素、黄体酮、催产素等。

6. 作用于心血管系统的药物

安钠咖、安络血、仙鹤草素等。

7. 镇静与麻醉药

盐酸氯丙嗪、乙醇、静松灵、盐酸普鲁卡因等。

8. 解热镇痛抗风湿药

氨基比林、安痛定、安乃近等。

9. 体液补充剂

葡萄糖、氯化钠、氯化钙、葡萄糖酸钙、碳酸氢钠等。

10. 解毒药

阿托品、碘解磷定等。

11. 消毒药及外用

碘酊、新洁尔灭、高锰酸钾、鱼石脂、双氧水、龙胆紫、氢氧化钠、碘伏、漂白粉、二氯异氰尿酸钠等。

（二）保存

保存药物应定期检查，防止过期、失效，阅读药品说明书，按所要求贮存方法分类保存，不宜与其他杂物混放。

（1）对于因湿而易变性，易受潮，易风化，易挥发，易氧化及吸收二氧化碳而变质的药物需用玻璃瓶密闭贮存。

（2）易因受热而变质，易燃、易爆、易挥发等药物，需 2~15℃低温保存。

（3）见光易发生变化或导致药效降低的，需避光容器内贮存。

（4）分门别类，做好标记。原包装完好的药物，可以原封不动地保存，散装药应按类分开，并贴上醒目的标签，标清有效日期、名称、用法、用量及失效期。内服药与外用药宜严格分开。

（5）定期更换淘汰。每年定期对备用药进行检查。例如维生素 C 存放一年药效可降低一半，中药丸剂容易发霉生虫，最多存放 2 年，其他药物参照生产日期查对处理。

二、药物的制剂、剂型与剂量

剂型是根据医疗、预防等的需要，将兽药加工制成具有一定规格、一定形状而有效成分不变，以便于使用、运输和贮存的形式。

兽药的剂型种类繁多，常用的分类方法如下。

（一）按兽药形态分类

1. 液态剂型

（1）溶液剂，是一种透明的可供内服或外用的溶液，一般是由两种或两种以上成分所组成，其中包括溶质和溶媒。溶质多为不挥发的化学药品，溶媒多为水，但也有醇溶液或油溶液等。内服药如鱼肝油溶液，外用消毒药如新洁尔灭溶液等。

（2）注射剂，也称针剂，是指灌封于特制容器中灭菌的澄明液、混悬液、乳浊液或粉末（粉针剂，临用时加注射用水等溶媒配制），必须用注射法给药的一种剂型。如果密封于安瓿瓶中，称为安瓿剂。如青霉素粉针、庆大霉素注射液等。

（3）酊剂，是指将化学药品溶解于不同浓度的酒精或药物用不同浓度的酒精浸出的澄明液体剂型，如碘酊等。

（4）煎剂或浸剂，都是药材（生药）的水性浸出制剂。煎剂是将药材加水煎煮一定时间后的滤液；浸剂是用沸水、温水或冷水将药材浸泡一定时间后滤过而制得的液体剂型。如板蓝根煎剂。

（5）乳剂，是指两种以上不相混合的液体（油和水），加入乳化剂后制成的乳状混浊液，可供内服、外用或注射。

2. 半固体剂型

（1）浸膏剂，是药材的浸出液经浓缩除去溶媒的膏状或粉状的半固体或固体剂型。除有特殊规定外，浸膏剂每克相当于原药材 2~5

克。如酵母浸膏等。

（2）软膏剂，是将药物加赋形剂（或称基质），均匀混合而制成的易于外用涂布的一种半固体剂型。供眼科用的软膏又叫眼膏。如盐酸四环素软膏等。

（3）固体剂型。

①粉剂。是一种干燥粉末剂型，由一种或一种以上的药物经粉碎、过筛、均匀混合而制成的固体剂型，可供内服或外用。

②可溶性粉剂。是由一种或几种药物与助溶剂、助悬剂等辅助药组成的可溶性粉末。多作为饲料添加剂型，投入饮水中使药物均匀分散。

③预混剂。是指一种或几种药物与适宜的基质（如碳酸钙、麸皮、玉米粉等）均匀混合制成供添加于饲料的药物添加剂。将它掺入饲料中充分混合，可达到使药物微量成分均匀分散的目的。如土霉素预混剂等。

④片剂。是将粉剂加适当赋形剂后，制成颗粒经压片机加压制成的圆片状剂型。

⑤胶囊剂。是将药粉或药液密封入胶囊中制成的一种剂型，其优点是可避免药物的刺激性或不良气味。如氯霉素胶囊。

⑥微型胶囊。简称微囊，系利用天然的或合成的高分子材料（通称囊材），将固体或液体药物（通称囊芯物）包裹成直径1~5 000微米的微小胶囊。药物的微囊可根据临床需要制成散剂、胶囊剂、片剂、注射剂以及软膏剂等各种剂型的制剂。药物制成微囊后，具有提高药物稳定性、延长药物疗效、掩盖不良气味、降低在消化道的副作用、减少复方的配伍禁忌等优点。用微囊做原料制成的各种剂型的制剂，应符合该剂型的制剂规定与要求。如维生素A微囊剂。

（4）气体剂型，是指某些液体药物稀释后或固体药物干粉利用雾化器喷出形成微粒状的制剂，可供皮肤和腔道等局部使用，或由呼吸道吸入后发挥全身作用。

（二）按分散系统分类

1. 真溶液类液体剂型

指由分散相和分散介质组成的液态分散系统剂型，其直径小于1纳米，如溶液剂、糖浆剂、甘油剂等。

2. 胶体溶液类液体剂型

指均匀的液体分散系统药剂，其分散相质点直径在1~100纳米，如胶浆剂。

3. 混悬液类液体剂型

指固态分散相和液体分散介质组成的不均匀的分散系统药剂，其分散相质点一般在0.1~100微米，如混悬剂。

4. 乳浊液类液体剂型

指液体分散相和液体分散介质不均匀的分散系统药剂，其分散相质点直径在0.1~50微米，如乳剂等。

（三）按给药途径分类

1. 肠道给药剂型

如片剂、散剂、胶囊剂，栓剂等。

2. 不经肠道给药剂型

如注射剂、软膏剂、口含片、滴眼剂、气雾剂等。

在选定药物以后，制剂的选择就是一个重要问题。同一药物，相同剂量，所用的制剂不同，其吸收程度也不同。有时，甚至同一制剂，但生产的工艺不同，其吸收程度和速度也不尽相同。因此，应根据疾病的轻重缓急慎重选择药物的剂型。

剂量是指药物产生治疗作用所需的用量。在一定范围内，剂量愈大，体内药物浓度愈高，作用也愈强；剂量愈小，作用就小。但如果浓度过大，超过一定限度，就会出现不良反应，甚至中毒。因此，为了既经济又有效地发挥药物的作用，达到用药目的，避免不良反应，应充分了解并严格掌握各种药物的剂量。

药物剂量的计量单位，一般固体药物用重量表示。按照1984年国务院关于在我国统一实行法定计量单位的命令，一般采用法定计量单位。如克、毫克、升、毫升等。对于固体和半固体药物用克、毫克表示；液体药物用升和毫升表示。常用计量单位的换算关系如下。

1 千克 =1 000 克，1 克 =1 000 毫克，1 升 =1 000 毫升，1 毫升 =1 000 微升。

一些抗生素和维生素，如青霉素、庆大霉素、维生素 A、维生素 D 等药物多用国际单位来表示，英文缩写为 IU。

三、药物的治疗作用和不良反应

用药的目的在于防治疾病。凡符合用药目的，能达到防治效果的作用叫治疗作用。不符合用药目的，甚至对机体产生损害的效果称为不良反应。在多数情况下，这两种效果会同时出现，这就是药物作用的两重性。在用药中，应尽量发挥药物的治疗作用，避免或减少不良反应。药物不良反应有副作用、毒性作用和过敏反应等。

（一）副作用

指药物在治疗剂量时出现的与治疗目的无关的作用。如阿托品有松弛平滑肌和抑制腆腺分泌的作用，当利用其松弛平滑肌的作用而治疗肠痉挛时，同时出现的唾液腺分泌减少（口腔干燥）即为副作用。

（二）毒性作用

指用药量过大、时间过长而造成对机体的损害作用。毒性作用可在用药不久后发生，称为急性毒性；也可能在长期用药过程中逐渐蓄积后产生，称为慢性毒性。大多数药物都有一定的毒性，当达到一定剂量后，多数动物均可出现相同的中毒症状。故药物的毒性作用大多也是可以预防的。在用药中，以增加剂量来增强药物的作用是有限的，而且也是危险的。此外，有些药物可以致畸胎、致癌，也属药物的毒性作用，必须警惕。

（三）过敏反应

指少数具有特异体质的动物，在应用治疗量甚至极小量的某种药物时，产生一种与药物作用性质完全不同的反应，称为过敏反应。它与药物剂量的大小无关，而且不同的药物发生的过敏反应大多相似。

过敏反应难以预知。轻度的过敏反应，常有发热、呕吐、皮疹、哮喘等症状，可给予苯海拉明、溴化钙等抗过敏药物进行处理。严重的过敏反应，可引起动物发生过敏性休克，应使用肾上腺素或高效糖皮质激素等进行抢救。

（四）继发反应

在药物治疗作用之后的一种继发反应，是药物发挥治疗作用的不良后果，也称治疗矛盾。如长期应用广谱抗生素时，由于改变了肠道正常菌群，敏感细菌如被消灭，不敏感的细菌如葡萄球菌或真菌则大量繁殖，导致葡萄球菌肠炎或念珠菌病等的继发性感染。

四、药物的选择及用药注意事项

羊病临床合理用药的目的是要达到最理想的疗效和最大安全性。因此药物治疗过程中有其选择原则和注意事项。

（一）药物选择原则

用于预防和治疗疾病的药物，种类很多，各有独特的优点和缺点。临床实践证明，任何一种疾病常有多种药物有效。为了获得最佳疗效，就应根据病情、病因及症状加以选择。选用药物应坚持疗效高、毒性反应低、价廉易得的基本原则。

1. 疗效高

疗效高是选择药物首选考虑的因素。在治疗和预防疾病中，选用药物的基本点是药物的疗效。如具有抗菌作用的药物可有数种，选用时应首选对病原菌最敏感的抗菌药。

2. 毒性反应低

毒性反应低是选择用药考虑的重要因素，多数药物都有不同程度的毒性，有些药物疗效虽好，但毒性反应严重，因此必须放弃，临床上多数选用疗效稍差而毒性作用更低的药物。

3. 价廉易得

价廉易得是兽医人员应高度重视的问题。滥用药物，贪多求全，既会降低疗效，增加毒性或产生耐受性，又会造成畜主经济损失和药品浪费。

（二）合理用药注意事项

在选择用药基本原则指导下，认真制定临床用药方案。临床用药应该注意以下几方面。

1. 明确诊断

明确诊断是合理用药的先决条件，选用药物要有明确的临床指征。要根据药物的药理特点，针对病例的具体病症，选用疗效可靠、使用方便、廉价易得的药物制剂。注意避免滥用药物及疗效不确切的药物。

2. 选择最适宜的给药方法

给药方法应根据病情缓急、用药的目的以及药物本身的性质等决定。病情危重或药物局部刺激性强时，宜以静脉注射。油溶剂或混悬剂应严禁用于静脉注射，可用于肌内注射。治疗消化系统疾病的药物多经口投药。局部关节、子宫内膜等炎症可用局部注入给药。

3. 适宜剂量与合理疗程

选择剂量的根据是《中华人民共和国兽药典》及《兽医药品规范》。该药典及规范中的剂量适用于多数成年动物，对于老弱、病幼的个体，特别是肝、肾功能不良的个体，应酌情调整剂量。有些药物排泄缓慢，药物半衰期长，在连续应用时，应特别预防蓄积中毒。为此，在经连续治疗一个疗程之后，应停药一定时间，才可以开始下一疗程。疗程可长可短，一般认为，慢性疾病的疗程要长，急性疾病的疗程要短。传染病需在病情控制之后有一定巩固时间，必要时，可用间歇休药再给药的方式进行治疗。

4. 合理配伍用药

临床用药时，多数合并用药。此外，既要考虑药物的协同作用、减轻不良反应，同时还应注意避免药物间的配伍禁忌，尤其应注意避免药理性配伍禁忌。药理性配伍禁忌包括药物疗效互相抵消和毒性的增加，如胃蛋白酶和小苏打片配伍使用，会使胃蛋白酶活性下降。又如氯霉素抑制肝微粒酶对苯妥英钠的灭活，会导致血药浓度增加而毒性加剧。药物理化性配伍禁忌，在临床用药时应认真对待，在两种药物配伍时，由于物理性质的改变，使药物或抑制剂发生变化，既可以使两种药物化学本质变化而失效，有时还产生有毒的反应，如解磷定与碳酸氢钠注射配伍时，可产生微量氰化物而增加毒性。

第四节　羊群的免疫保护

一、羊传染病发生的主要环节和控制原则

传染病的一个基本特征是能在个体之间直接或间接相互传染，构成流行。传染病能在羊群中发生、传播和流行，必须具备 3 个必要环节：传染源、传播途径 、易感羊。

（一）传染源

就是受感染的羊，包括已发病的病羊和带菌（毒）的羊，尤其是带菌（毒）的羊，外表无临诊症状且一般不易查出，容易被人们忽视。对已发病的病羊和带菌（毒）的羊，要隔离积极治疗；如果不治死亡后，要采取焚烧或深埋处理方法，切断传染源；如果治愈，也要继续观察一段时间后，再和其他羊合群。

（二）传播途径

指病原从传染源排出后，经过一定的方式再侵入健康动物经过的途径。传播途径可分为水平传播和垂直传播两类。

水平传播的传播方式可分为直接接触传播和间接接触传播。直接接触传播是在没有任何外界因素参与下，病羊与健康羊直接接触引起传染，特点是一个接一个发生，有明显连锁性。间接接触传播，即病原体通过媒介如饲料、饮水、土壤、空气等间接地使健康羊发生传染。大多数传染病以间接接触为主要传播方式。垂直传播即从母体经胎盘、产道将病原体传播到后代。

对病羊要早发现、早隔离、早治疗，切断病原体的传播途径，对

母畜患有传染病的要及时治疗，对不能治愈的要及时淘汰，防止将病原体传播给后代。

（三）羊的易感性

羊的易感性是指对某种传染病病原体感受性的大小。与病原体的种类和毒力强弱、羊的免疫状态、遗传特性、外界环境、饲养管理等因素有关。给羊注射疫苗、抗病血清，或通过母源抗体使羊变为不易感，都是常采取的措施。

二、免疫保护的原理

免疫是动物体的一种生理功能，动物体依靠这种功能识别“自己”和“非己”成分，从而破坏和排斥进入体内的抗原物质，或本身所产生的损伤细胞和肿瘤细胞等，以维持健康。抵抗微生物、寄生物的感染或其他所不希望的生物侵入的状态。免疫涉及特异性成分和非特异性成分。非特异性成分不需要事先暴露，可以立刻响应，可以有效地防止各种病原体的入侵。特异性免疫是在主体的寿命期内发展起来的，专门针对某个病原体的免疫。

三、疫苗的概念

疫苗是指为了预防、控制传染病的发生、流行，用于预防接种的疫苗类预防性生物制品。生物制品，是指用微生物或其毒素、酶，人或动物的血清、细胞等制备的供预防、诊断和治疗用的制剂。预防接种用的生物制品包括疫苗、菌苗和类毒素。其中，由细菌制成的为菌苗；由病毒、立克次氏体、螺旋体制成的为疫苗，有时也统称为疫苗。

疫苗是将病原微生物（如细菌、立克次氏体、病毒等）及其代谢产物，经过人工减毒、灭活或利用基因工程等方法制成的用于预防传染病的自动免疫制剂。疫苗保留了病原菌刺激动物体免疫系统的特性。当动物体接触到这种不具伤害力的病原菌后，免疫系统便会产生一定的保护物质，如免疫激素、活性生理物质、特殊抗体等；当动物再次接触到这种病原菌时，动物体的免疫系统便会依循其原有的记忆，制造更多的保护物质来阻止病原菌的伤害。

四、羊常用疫苗的种类和选择

（一）无毒炭疽芽孢苗

预防羊炭疽。绵羊颈部或后腿内皮下注射 0.5 毫升，注射后 14 天产生免疫力，免疫期一年。山羊不能使用。2~15℃干燥冷暗处保存，贮存期两年。

（二）第Ⅱ号炭疽芽孢苗

预防羊炭疽。绵羊、山羊均于股内或尾部皮内注射 0.2 毫升或皮下注射 1 毫升，注射后 14 天产生免疫力，绵羊免疫期一年，山羊为 6 个月。0~15℃干燥冷暗处保存，贮存期两年。

（三）布鲁氏菌病猪型疫苗

预防布鲁氏菌病。肌内注射 0.5 毫升（含菌 50 亿）。3 月龄以下羔羊、妊娠母羊、有该病的阳性羊，均不能注射。用饮水免疫法时，用量按每只羊服 200 亿菌体计算，2 天内分 2 次饮用；在饮服疫苗前一般应停止饮水半天，以保证每只羊都能饮用一定量的水。应当用冷的清水稀释疫苗，并迅速饮喂，效果最佳。

（四）羊快疫、猝狙、肠毒血症三联灭活疫苗

羔羊、成年羊均为皮下或肌内注射 5 毫升，注后 14 天产生免疫力，免疫期 6 个月。

（五）羔羊大肠杆菌病灭活疫苗

3 月龄以下羔羊，皮下注射 0.5~1.0 毫升，3 月龄至 1 岁的羊，皮下注射 2 毫升，注后 14 天产生免疫力，免疫期 5 个月。

（六）羊厌气菌氢氧化铝甲醛五联灭活疫苗

预防羊快疫、猝狙、肠毒血症、羔羊痢疾和黑疫。不论年龄大小，均皮下或肌内注射 5 毫升，注后 14 天产生免疫力，免疫期 6 个月。

（七）羊肺炎支原体氢氧化铝灭活疫苗

预防由绵羊肺炎支原体引起的传染性胸膜肺炎。颈部皮下注射，

6月龄以下幼羊2毫升，成年羊3毫升，免疫期1年半以上。

（八）羊痘鸡胚化弱毒疫苗

冻干苗按瓶签上标注的疫苗量，用生理盐水25倍稀释，振荡均匀，不论年龄大小，均皮下注射0.5毫升，注后6天产生免疫力，免疫期1年。

（九）山羊痘弱毒疫苗

预防山羊、绵羊羊痘。皮下注射0.5~1.0毫升，免疫期1年。

（十）口蹄疫疫苗

疫苗应为乳状液，允许有少量油相析出或乳状液柱分层，疫苗应在2~8℃下避光保存，严防冻结。口蹄疫疫苗宜肌内注射，绵羊、山羊使用4厘米长的18号针头。羊使用O型口蹄疫灭活疫苗，均为深层肌内注射，免疫期6个月。其用量是：羔羊每只1毫升，成年羊每头2毫升。

五、羊场免疫程序的制定

达到一定规模化的羊场，需根据当地传染病流行情况建立一定的免疫程序。各地区可能流行的传染病不止一种，因此，羊场往往需用多种疫苗来预防，也需要根据各种疫苗的免疫特性合理地安排免疫接种的次数和时间。目前对于羊还没有统一的免疫程序，只能在实践中根据实际情况，制定一个合理的免疫程序。表2-5是按月份制定的免疫程序。

表2-5　羊场免疫程序（按月份）

免疫时间	疫　苗	免疫对象及方法
3—4月	羊口蹄疫亚Ⅰ、O型双价苗	4月龄以上所有羊只肌内注射1毫升，间隔20天强化注射1次
3—4月	羊三联四防	全群免疫，每头份用20%氢氧化铝胶盐水稀释，所有羊只一律肌内注射1毫升
5月	羊痘冻干苗	全群免疫，用生理盐水25倍稀释，所有羊只一律皮下注射0.5毫升

（续表）

免疫时间	疫　苗	免疫对象及方法
9—10月	羊口蹄疫亚Ⅰ、O型双价苗	4月龄以上所有羊只肌内注射1毫升，间隔20天强化注射1次
9—10月	羊三联四防	全群免疫，每头份用20%氢氧化铝胶盐水稀释，所有羊只一律肌内注射1毫升
11月	羊痘冻干苗	全群免疫，所有羊只一律皮下注射0.5毫升

六、羊免疫接种的途径及方法

（一）肌内注射法

肌内注射法适用于接种弱毒或灭活疫苗，注射部位在臀部及两侧颈部，一般用12号针头。

（二）皮下注射法

皮下注射法适用于接种弱毒或灭活疫苗，注射部位在股内侧、肘后。用大拇指及食指捏住皮肤，注射时，确保针头插入皮下，为此进针后摆动针头，如感到针头摆动自如，推压注射器推管，药液极易进入皮下，无阻力感。

（三）皮内注射法

皮内注射法一般适用于羊症弱毒疫苗等少数疫苗，注射部位在颈外侧和尾部皮肤褶皱壁。左手拇指与食指顺皮肤的皱纹，从两边平行捏起一个皮褶，右手持注射器使针头与注射平面平行刺入。注射药液后在注射部位有一豌豆大小泡，且小泡会随皮肤移动，则证明确实注入皮内。

（四）口服法

口服法是将疫苗均匀地混于饲料或饮水中经口服后获得免疫。免疫前应停饮或停喂半天，以保证饮喂疫苗时每头羊都能饮一定量的水或吃入一定量的饲料。

七、影响羊免疫效果的因素

（一）遗传因素

机体对接种抗原的免疫应答在一定程度上是受遗传控制的，因此，不同品种甚至同一品种不同个体的动物，对同一种抗原的免疫反应强弱也有差异。

（二）营养状况

维生素、微量元素、氨基酸的缺乏都会使机体的免疫功能下降。例如，维生素 A 缺乏会导致淋巴器官的萎缩，影响淋巴细胞的分化、增殖，受体表达与活化，导致体内的 T 淋巴细胞数量减少，吞噬细胞的吞噬能力下降。

（三）环境因素

环境因素包括动物生长环境的温度、湿度、通风状况、环境卫生及消毒等。如果环境过冷过热、湿度过大、通风不良都会使机体出现不同程度的应激反应，导致机体对抗原的免疫应答能力下降，接种疫苗后不能取得相应的免疫效果，表现为抗体水平低、细胞免疫应答减弱。环境卫生和消毒工作做得好可减少或杜绝强毒感染的机会，使动物安全度过接种疫苗后的诱导期。只有搞好环境，才能减少动物发病的机会，即使抗体水平不高也能得到有效的保护。如果环境差，存有大量的病原，即使抗体水平较高也会存在发病的可能。

（四）疫苗的质量

疫苗质量是免疫成败的关键因素。弱毒疫苗接种后在体内有一个繁殖过程，因而接种的疫苗中必须含有足够量的有活力的病原，否则会影响免疫效果。灭活苗接种后没有繁殖过程，因而必须有足够的抗原量做保证，才能刺激机体产生坚强的免疫力。保存与运输不当会使疫苗质量下降甚至失效。

（五）疫苗的使用

在疫苗的使用过程中，有很多因素会影响免疫效果，例如疫苗的稀释方法、水质、雾粒大小、接种途径、免疫程序等都是影响免疫效果的重要因素。

（六）病原的血清型与变异

有些疾病的病原含有多个血清型，给免疫防治造成困难。如果疫苗毒株（或菌株）的血清型与引起疾病病原的血清型不同，则难以取得良好的预防效果。因而针对多血清型的疾病应考虑使用多价苗。针对一些易变异的病原，疫苗免疫往往不能取得很好的免疫效果。

（七）疾病对免疫的影响

有些疾病可以引起免疫抑制，从而严重影响了疫苗的免疫效果。另外，动物的免疫缺陷病、中毒病等对疫苗的免疫效果都有不同程度的影响。

（八）母源抗体

母源抗体的被动免疫对新生动物是十分重要的，然而对疫苗的接种也带来一定的影响，尤其是弱毒疫苗在免疫动物时，如果动物存在较高水平的母源抗体，会严重影响疫苗的免疫效果。

（九）病原微生物之间的干扰作用

同时免疫两种或多种弱毒疫苗往往会产生干扰现象，给免疫带来一定的影响。

第五节　羊病的综合防治措施

一、做好常规卫生和消毒工作

（一）搞好环境卫生

养羊的环境卫生好坏，与疫病的发生有密切关系。环境污秽，有利于病原体的滋生和疫病的传播。因此，羊舍、羊圈、场地及用具应保持清洁、干燥，每天清除圈舍、场地的粪便及污物，将粪便及污物堆积发酵，30 天左右可作为肥料使用。

羊的饲草应当保持清洁、干燥，不能用发霉的饲草、腐烂的粮食喂羊；饮水也要清洁，不能让羊饮用不洁的水，水中生物能传播多种传染病和寄生虫病，应当清除羊舍周围的杂物、垃圾及乱草堆等，填平死水坑，认真开展杀虫灭鼠工作。

（二）做好消毒工作

消毒是贯彻“预防为主”方针的一项重要措施。其目的是消灭传染源散播于外界环境中的病原微生物，切断传播途径，阻止疫病继续蔓延。羊场应建立切实可行的消毒制度，定期对羊舍（包括用具）、地面土壤、粪便、污水、皮毛等进行消毒。

1. 羊舍消毒

一般先用扫帚清扫并用水冲洗干净后，再用消毒液消毒。用消毒液消毒的操作步骤如下。

（1）消毒液选择与用量。常用的消毒药有10%~20%的石灰乳、10%漂白粉溶液、0.5%~1%菌毒敌（原名农乐，同类产品有农福、农富、菌毒灭等）、0.5%~1%二氯异氰尿酸钠（以此药为主要成分的商品消毒剂有强力消毒灵、灭菌净等）、0.5%过氧乙酸等。消毒液的用量，以羊舍内每平方米面积用1升药液配制，根据药物用量说明来计算。

（2）消毒方法。将消毒液盛于喷雾器内，喷洒地面（图2-1）、墙壁、天花板，然后再开门窗通风，用清水刷洗饲槽、用具等，将消毒药味除去。如羊舍有密闭条件，可关闭门窗，用福尔马林熏蒸消毒12~24小时，然后开窗24小时。福尔马林的用量是每平方米空间用12.5~50毫升，加等量水一起加热蒸发。在没有热源的情况下，可加入等量的高锰酸钾（每平方米用7~25克），即可反应产生高热蒸气。

图2-1　喷洒地面消毒

（3）注意事项。羊舍大门要设置消毒池（图2-2），并经常更换新鲜的消毒液（4%

氢氧化钠溶液或3%过氧乙酸等)。在一般情况下,羊舍消毒每年可进行两次(春、秋各1次);也可用2%~4%氢氧化钠消毒或用1:(1 800~3 000)的百毒杀带羊消毒(图2-3);产房的消毒在产羔前进行一次,产羔高峰时进行多次,产羔结束后再进行一次;在病羊舍、隔离舍的出入口处应放置消毒液的麻袋片或草垫。消毒液可用2%~4%氢氧化钠、1%菌毒敌(针对病毒性疾病)。

图2-2 厂区大门口设置消毒池

图2-3 带羊消毒

2. 地面土壤消毒

土壤表面消毒可用含2.5%有效氯的漂白粉溶液、4%福尔马林或10%氢氧化钠溶液。停放过芽孢杆菌所致传染病(如炭疽)病羊尸体的场所,应严格加以消毒。首先用上述漂白粉溶液喷洒地面,然后将表层土壤掘起30厘米左右,撒上干漂白粉,并与土混合,将此表土妥善运出掩埋。其他传染病所污染的地面土壤,则可先将地面翻一下,深度约30厘米,在翻地的同时撒上干漂白粉(用量为1米^{2}面积0.5千克),然后以水浸湿,压平。如果放牧地区被某种病原体污染,一般利用阳光来消除病原微生物;如果污染的面积不大,则应使用化学消毒药消毒。

3. 粪便消毒

羊的粪便消毒方法有多种,最实用的方法是生物热消毒法,即在距羊场100~200米以外的地方设一堆粪场,将羊粪堆积起来,上面覆盖10厘米厚的沙土,堆放发酵30天左右,即可用作肥料。

4. 污水消毒

最常用的方法是将污水引入污水处理池，加入化学药品（如漂白粉或生石灰）进行消毒。消毒药的用量视污水量而定，一般1升污水用2~5克漂白粉。

5. 皮毛消毒

患炭疽、口蹄疫、布鲁氏菌病、羊痘、坏死杆菌病等的羊皮羊毛均应消毒。应当注意，发生炭疽时，严禁从尸体上剥皮；在储存的原料中即使只发现1张患炭疽病的羊皮，也应将整堆与它接触过的羊皮消毒。皮毛消毒，目前广泛利用环氧乙烷气体消毒法。消毒必须在密闭的专用消毒室或密闭良好的容器（常用聚乙烯或聚氯乙烯薄膜制成的篷布）内进行。此法对细菌、病毒、霉菌均有良好的消毒效果，对皮毛等产品中的炭疽芽孢也有较好的消毒作用。

二、强化引种检疫

检疫就是根据国家和地方政府的规定，应用各种诊断方法，对羊及其产品进行疫病检查，并采取相应的措施，以防疫病的发生和传播。

为了做好检疫工作，必须有一定的检疫手续，以便在羊流通的各个环节中，做到层层检疫，环环紧扣，相互制约，从而杜绝疫病的传播蔓延。羊从生产到出售，要经过出入场检疫、收购检疫、运输检疫和屠宰检疫，涉及对外贸易的还要进行进出口检疫。出入场检疫是所有检疫中最基本、最重要的检疫。从非疫区购入羊只，须经当地兽医部门检疫，并签发检疫合格证明书；运抵目的地后，在经当地兽医验证，检疫并隔离观察1个月以上，确认为健康后，再经驱虫、消毒、注射疫苗，方可与原有羊混群饲养。羊场采用的饲料和用具，也要从安全地区购入，以防疫病传入。

羊场应按当地疫情，对某些慢性传染病（如结核病、布鲁氏菌病）定期进行必要的检查，及时检出病羊，防止慢性传染病在羊群中不断扩大传播。

三、制定科学合理的免疫规程

免疫接种是预防和控制羊群感染传染病，激发羊体产生特异性抵抗力，使其对某种传染病从易感转化为不易感的一种手段。因此，在时常发生某种传染病的地区，或有某些传染病潜在危险的地区，应有计划地对健康羊群进行免疫接种。各地区、各羊场可能发生的传染病各异，而利用可以预防这些传染病的疫苗来预防不同的羊传染病，这就要根据各种疫苗的种类、免疫次数和间隔的时间来决定。目前在国内还没有一个统一的羊免疫程序，只能在实践中探索，不断总结经验，制定出适合本地羊场具体情况的免疫程序。

（一）疫苗的使用和保存

（1）在使用前要逐瓶检查，主要看瓶口有无破损，封口是否严密，内容物是否变色、沉淀，标签是否完整，有效期限，稀释方法，使用方法，标签的头份以及生产厂家、批准文号等。避免使用伪劣产品。

（2）各类疫（菌）苗，都为特定专用，不得混淆交叉使用。

（3）在免疫注射工作中应携带用于脱敏的药物，如肾上腺素注射剂等。

（4）为防止交叉感染，必须做到一畜一换针头。

（二）免疫对象“三不打”

羊3月龄以下不打、妊娠2个月以上或产后不足1.5个月不打、患病或体弱者不打。

（三）注射剂量和常规免疫程序

1. 注射剂量

按疫苗使用说明书执行。

2. 常规免疫程序

产后45天首免，以后间隔6个月免疫1次，羔羊3月龄时首免，以后间隔6个月免疫1次。

（四）免疫资料的记录

填写免疫档案，包括个体号、年龄、妊娠月数、免疫时间、疫苗种类、注射剂量、疫苗生产厂家、补针时间、动物出栏时间，畜主签名、防疫员签名等，实施档案管理。

（五）副反应治疗处理

1. 副反应表现

副反应也就是所谓的“疫苗应激反应”。最急性副反应表现为过敏性休克，寒战发抖、呼吸困难、心动急速；有时鼻孔流出泡沫或带血丝，也有个别自行恢复；一般中重度反应表现为高热、食欲减退或废绝、心律不齐或停顿，呼吸急促；轻度反应表现为低热、减食等。

2. 副反应处理

轻度反应为疫苗固有反应，一般不需要治疗处理，经过 1~2 天自然恢复，治疗处理反而干扰免疫效果。过敏性休克的抢救，采取立即肌内注射肾上腺素，大羊 3~6 毫升，小羊 2~4 毫升。

（六）免疫接种注意事项

（1）严格按照免疫程序进行免疫，并按疫苗使用说明书的注射方法要求，准确地免疫接种。免疫接种人员，要组织好保定人员，做到保定切实，注射认真，使免疫工作有条不紊地进行。工作人员要穿好工作服，做好自我防护。

（2）免疫接种必须由县乡业务部门审核认定的动物防疫人员（规模场可在动物防疫人员监督下进行免疫）掌针执行。动物防疫员在接种前要做好注射器、针头、镊子等器械的洗涤和消毒工作，并备有足够的碘酊棉球、酒精棉球、针头、注射器、稀释液、免疫接种记录本和肾上腺素等抗过敏药物。

（3）免疫接种前应了解畜禽的健康状况，对病畜禽、幼畜禽、临产畜可暂缓注射，做好补针记录。

（4）接种时在保定好畜禽的情况下，确定注射部位，按规程消毒，针头刺入适宜深度，注入足量疫苗，拔出针头后再进行注射部位消毒，轻压注射部位，防止疫苗溢出；若是口服或滴鼻、饮水苗也应按疫苗的使用要求进行，坚决不许“打飞针”。

（5）接种时要一畜一换针头，规模场可一圈一换针头，用过的棉球、疫苗空瓶回收，集中无害化处理。

（6）免疫接种时间应安排在饲喂前进行；免疫接种后要注意观察，关键是注射后 2 小时内，如要遇有过敏反应的畜禽立即在 30 分钟内用肾上腺素、地塞米松等抗过敏药及时脱敏抢救。

四、加强日常饲养管理工作

（一）坚持自繁自养

羊场或养羊专业户在有条件的情况下，应选养本场的良种公羊和母羊，自群繁育，以提高羊的品质和生产性能，增强对疾病的抵抗力，并可减少入场检疫的劳务，防止因引进新羊时带来一些传染性疾病，给羊场造成巨大的损失。

（二）合理组织放牧

牧草是羊的主要饲料，放牧是羊群获得主要营养需要的重要方式。因此，合理组织放牧，与羊的生长发育好坏和生产性能的高低有着十分密切的关系，应根据农区、牧区草场的不同情况，以及羊的品种、年龄、性别的差异，分别编群放牧。为了合理利用草场，减少牧草浪费和羊群感染寄生虫的机会，应推行划区轮牧制度。

（三）适时进行补饲

放牧是羊获得营养的一个重要来源，但当冬季草枯、牧草营养下降或放牧采食不足时，必须进行补饲，特别是对正在发育的幼龄羊，怀孕期、哺乳期的成年母羊的补饲尤其重要。种用公羊仅靠平时放牧，营养需要难以满足，特别是在配种期更需要保证较高的营养水平。因此，种公羊多采取舍饲方式，并按饲养标准喂养。

（四）妥善安排生产环节

科学养羊的主要生产环节是鉴定、配种、产羔和育羔、羊羔断奶和分群，对于产毛的还要进行剪毛，产乳的羊还要进行挤奶。每一个环节的安排，都应尽量在较短时间内完成，以尽可能增加有效放牧时间，如在某个环节影响了放牧，要及时给予适当的补饲。

五、定期驱虫

为了预防羊的寄生虫病，应在发病季节到来之前，用药物给羊群进行预防性驱虫。预防性驱虫的时机，根据寄生虫病季节动态调查确定。

预防性驱虫所用的药物有多种，应视病的流行情况选择应用。丙硫咪唑（丙硫苯咪唑）具有高效、低毒、广谱的优点，对羊常见的胃肠道线虫、肺线虫、肝片吸虫和绦虫均有效，可同时驱除混合感染的多种寄生虫，是较理想的驱虫药物。使用驱虫药时，要求剂量准确，并且要先做小群驱虫试验，取得经验后再进行全群驱虫。驱虫过程中发现病羊，应进行对症治疗，及时解救出现中毒、副作用的羊。

药浴是防治羊体外寄生虫病，特别是羊螨病的有效措施，可在剪毛后 10 天左右进行。药浴液可用 0.1%~0.2% 杀虫脒水溶液、1% 敌百虫水溶液或速灭杀丁 80~200 毫克 / 升、溴氰菊酯 50~80 毫克 / 升。也可用石硫合剂，其配法为生石灰 7.5 千克、硫黄粉末 12.5 千克，用水拌成糊状，加水 150 升，边煮边拌，直至煮沸呈浓茶色为止，弃去下面的沉渣，上清液便是母液。在母液内加 500 升温水，即成药浴液。药浴可在药浴池内进行，或在特设的淋浴场淋浴，也可用人工方法抓羊在大盆（缸）中逐只盆（缸）浴。

实践生产经验证明：应有针对性地选择驱虫药或交叉使用 2~3 种驱虫药或重复使用两次等都会取得较好的驱虫效果。

六、预防中毒

（一）不喂含毒植物的叶、茎、果实、种子

在山区或草原地区，生长有大量的野生植物，是羊良好的天然饲料来源，但有些植物含毒。为了减少或杜绝中毒的发生，要做好有毒植物的鉴定工作，调查有毒植物的分布，不在生长有毒植物的区域内放牧，或实行轮作，铲除毒草。

（二）不喂霉变饲料

要把饲料贮存在干燥通风的地方。饲喂前要仔细检查，如果发霉变质，应舍弃不用。

（三）籽饼经高温处理后可减毒

减毒后再按一定比例同其他饲料混合搭配饲喂，就不会发生中毒。有些饲料如马铃薯，若贮藏不当，其中的有毒物质会大量增加，对羊有害，因此应贮存在避光的地方，防止变青发芽，饲喂时也要同其他饲料按一定比例搭配。

（四）妥善保存农药及化肥

一定要把农药和化肥放在仓库内，由专人负责保管，以免误作饲料，引起中毒。被污染的用具或容器应消毒处理后再使用。对其他有毒药品如灭鼠药等的运输、保管及使用也必须严格，以免羊接触发生中毒事故。

（五）防止水源性毒物

喷洒过农药和施有化肥的农田排水，不应作羊的饮用水；工厂附近排出的水或池塘内的死水，也不宜让羊饮用。

七、药物预防

羊场可能发生的疫病种类很多，其中有些病目前已研制出有效的疫苗，还有不少病尚无疫苗可供使用，有些病虽有疫苗但实际应用还有问题。因此，用药物预防这些疫病也是一项重要措施。药物预防就是指把安全而低廉的药物加入饲料或饮水中进行群体药物预防。常用的药物有磺胺类药物、抗生素等。磺胺类药物预防量一般占饲料或饮水的比例为0.1%~0.2%，连用5~7天；四环素族抗生素类预防量占饲料或饮水的比例为0.01%~0.03%，连用5~7天。必要时，可酌情延长。

八、传染病发生时要有紧急处置措施

（1）兽医人员要立即向上级部门报告疫情（如口蹄疫、羊痘等烈性传染病），划定疫区，采取严格封锁措施，组织力量尽快扑灭。

（2）立即将病羊和健康羊隔离，以防健康羊受到传染。

（3）对于与可疑感染羊（与病羊有过接触，目前未发病的羊），必须单独圈养，观察 20 天以上不发病，才能与健康羊合群。

（4）对已隔离的病羊和其他出现症状的羊，要及时进行药物治疗。

（5）工作人员出入隔离场所要遵守消毒制度，其他人员，畜禽不得进入。

（6）隔离区内的用具、饲料、粪便等，未经彻底消毒不得运出。

（7）没有治疗价值的病羊，在死亡后，要进行焚烧或深埋。

（8）对健康羊和疑似羊要进行疫苗紧急接种或进行预防性治疗。

第三章

常见羊病毒性传染病的防制

一、口蹄疫

口蹄疫是一种由病毒感染引起的偶蹄动物如牛、羊、猪、骆驼、鹿等共患的急性接触性传染病，易感染动物约有 70 多种。其临床特征是患病动物口腔黏膜、蹄部和乳房发生水疱和溃疡，在民间俗称“口疮”“蹄癀”。口蹄疫是国际兽疫局规定的 A 类传染病，我国将其列为一类动物疫病。

（一）诊断要点

1. 发病情况

发病或处于潜伏期的羊是主要的传染源。病毒可通过空气、灰尘、病畜的水疱、唾液、乳汁、粪便、尿液、精液等分泌物和排泄物，被污染的饲料、褥草以及接触过病羊的人员的衣物传播。感染发病率几乎为 100%。一般来说，成年羊患口蹄疫的死亡率在 5%~20%，羔羊的死亡率为 50%~80%。

口蹄疫传染途径多、传染性强，传播速度快，痊愈羊可带毒 4~12 个月。口蹄疫通过空气传播时，病毒能随风散播到 50~100 千米的地方。

2. 临床症状

该病潜伏期 1~7 天，病羊体温升高，初期体温可达 40~41℃，精神沉郁，食欲减退或拒食，脉搏和呼吸加快。口腔、蹄、乳房等部位出现水疱、溃疡和糜烂。严重病例可在咽喉、气管、前胃等黏膜上发生圆形烂斑和溃疡，上盖黑棕色痂块。绵羊蹄部症状明显，口黏膜变化较轻。山羊症状多见于口腔，呈弥漫性口黏膜炎，水疱见于硬腭和舌面，蹄部病变较轻。病羊水疱破溃后，体温即明显下降，症状逐渐好转。

（二）防控

1. 预防

羊口蹄疫发病急、传播快、危害大，必须严格按照国家规定实施强制免疫，对所有羊进行 O 型和亚洲 I 型口蹄疫免疫。推荐免疫程序为：种公羊、后备母羊每年接种疫苗 3 次，每间隔 4~6 个月免疫 1 次；生产母羊在产后 1 个月或配种前，约每年的 3 月、8 月各免疫 1 次；羔羊 28~35 日龄时初免，间隔 1 个月后进行 1 次强化免疫，以后每隔 4~6 个月免疫 1 次。

2. 疫情处置

羊口蹄疫是国家规定的一类传染病，发现患有本病或者疑似本病的病羊，都应当立即向当地动物防疫监督机构报告，由政府采取疫情处理措施。包括确诊、划定疫点、疫区、受威胁区，采取隔离、封锁、扑杀、无害化处理等措施。

二、小反刍兽疫

小反刍兽疫是由小反刍兽疫病毒（PPRV）引起的一种小反刍动物的急性病毒性传染病，以发热、口炎、腹泻、肺炎为主要临床特征。山羊和绵羊是本病唯一的自然宿主，山羊比绵羊更易感，且临床症状更严重，病死率更高。世界动物卫生组织（OIE）将其列为法定报告动物疫病，我国将其列为一类动物疫病。2007 年 7 月，小反刍兽疫首次传入我国。PPRV 主要通过直接或间接接触传播，感染途径以呼吸道为主。

（一）诊断要点

1. 病原及流行特点

小反刍兽疫病毒属副黏病毒科麻疹病毒属。与牛瘟病毒有相似的物理化学及免疫学特性。病毒呈多形性，通常为粗糙的球形。病毒颗粒较牛瘟病毒大，核衣壳为螺旋中空杆状并有特征性的亚单位，有囊膜。病毒可在胎绵羊肾、胎羊及新生羊的睾丸细胞、Vero 细胞上增殖，并产生细胞病变（CPE），形成合胞体。

本病主要感染山羊、绵羊、美国白尾鹿等小反刍动物，流行于非洲西部、中部和亚洲的部分地区。在疫区，本病为零星发生，当易感动物增加时，即可发生流行。本病主要通过直接接触传染，患病动物及其分泌物和排泄物、组织，或被其污染的草料、用具和饮水等是传染源，处于亚临床感染型的病羊尤为危险。

小反刍兽疫主要通过呼吸道和消化道感染。传播方式主要是接触传播，可通过与病羊直接接触发生传播，病羊的鼻液、粪尿等分泌物和排泄物含有大量的病毒，与被病毒污染的饲料、饮水、衣物、工具、圈舍和牧场等接触也可发生间接传播，在养殖密度较高的羊群偶尔会发生近距离的气溶胶传播。

山羊及绵羊为主要的易感性动物，山羊较绵羊感染性高且临床症状较严重。不同品种的山羊或同品种不同个体的感受性亦有不同，欧洲品系山羊较易被感染发病。

本病一年四季均可发生，但多雨季节和干燥寒冷季节多发。潜伏期一般为 4~6 天，短者 1~2 天，长者 10 天，世界动物卫生组织 OIE《陆生动物卫生法典》规定最长潜伏期为 21 天。

2. 临床症状

小反刍兽疫是一种以发热，眼、鼻分泌物，口炎，腹泻和肺炎为特征的急性病毒病，该病临床症状和牛瘟相似，但只有山羊和绵羊感染后才出现症状，感染牛则不出现临床症状，本病潜伏期多为 4~6 天，发病急，高热可达 41℃以上，持续 3~5 天，病畜精神沉郁，食欲减退，体重下降，鼻镜干燥，口鼻腔分泌物逐渐变成浓性黏液。如果病畜不死，这种症状可以持续 14 天。

发热开始的 4 天内，口腔黏膜先是轻微充血及出现表面糜烂，大量流涎，坏死通常首发于牙床下方黏膜，之后坏死现象迅速向牙龈、硬腭、颊、口腔乳突、舌等黏膜蔓延。坏死组织脱落，出现不规则且浅的糜烂斑。

部分羊的口腔病变者，2 天内痊愈，这些羊可能恢复。后期出现带血水样腹泻，严重脱水，消瘦，怀孕羊可能流产。随之体温下降，因二次细菌性感染出现咳嗽、呼吸异常，发病率可达 100%，死亡率可达 100%，一般不超过 50%，幼年动物发病率和死亡率都很高。超急性病例可能无病变，仅出现发烧及死亡。

3. 病理变化

尸体剖解病变与牛瘟相似，患畜可见结膜炎、坏死性口炎等肉眼病变，在鼻甲、喉、气管等处有出血斑，严重病例可蔓延到硬腭及咽喉部。皱胃常出现病变，病变部常出现有规则、有轮廓的糜烂，创面红色、出血。而瘤胃、网胃、瓣胃很少出现病变，肠可见糜烂或出血，大肠内，盲肠、结肠结合处出现特征性线状出血或斑马样条纹，淋巴结肿大，脾脏出现坏死灶病变，原发性的支气管肺炎显示为病毒感染，具有诊断意义。

4. 实验室诊断

以拭棒采取结膜炎分泌物及鼻、口腔及直肠等拭子，以及剖检采取淋巴结、扁桃腺、脾、肺、大肠等组织块，以干冰或冰袋冷藏输送至实验室，如输送时间超过 72 小时，则病材先加以冷冻以干冰冷冻输送。供病理切片组织则以 10% 中性福尔马林液保存及输送。另采取抗凝血剂之全血，供病毒分离、血液学及血清学使用。

（1）血清学检测。抗体检测可采用竞争酶联免疫吸附试验（ELISA）和间接酶联免疫吸附试验（ELISA）。

（2）病原学检测。病毒检测可采用琼脂凝胶免疫扩散、抗原捕获酶联免疫吸附试验（ELISA）、实时荧光反转录聚合酶链式反应（RT-PCR）、普通反转录聚合酶链式反应（RT-PCR），对 PCR 产物进行核酸序列测定可进行病毒分型。

疑似患病动物的病料需经国家外来动物疫病研究中心进行确诊。

（二）防控

1. 预防

严禁从疫区引进羊只，对外来羊只，尤其是来源于活羊交易市场的羊调入后必须隔离观察 21 天以上，经临床诊断和血清学检测确认健康无病，方可混群饲养。同时，畜牧兽医部门应加强检疫监管，包括产地检疫、屠宰检疫、运输检疫，发现患病动物及时按相关规定处理。

饲养中应防止健康羊群与病羊的直接接触。加强工具、圈舍、牧场等的消毒工作对有效防控小反刍兽疫有重要意义。可选用无机氯制剂、季铵盐类、强酸强碱、醛类等消毒药品。如环境消毒可选用氢氧化钠、过氧乙酸等；皮毛、仓库等熏蒸消毒可选用甲醛、高锰酸钾等。

疫苗的免疫接种是动物获得特异性免疫和防御传染病发生、流行的关键性措施。小反刍兽疫弱毒活疫苗 Nigeria 75/1 株，皮下注射，免疫期可达 3 年。

2. 疫情处置

目前对本病尚无有效的治疗方法，发病初期使用抗生素和磺胺类药物可对症治疗和预防继发感染。一旦发生本病，应按《中华人民共和国动物防疫法》《小反刍兽疫防治技术规范》规定，采取紧急、强制性的控制和扑灭措施，扑杀患病和同群动物。疫区及受威胁区的动物进行紧急预防接种。

三、羊　痘

羊痘包括山羊痘和绵羊痘。

（一）山羊痘

山羊痘是由山羊痘病毒引起的热性接触性传染病，以全身皮肤、有时也在黏膜上出现典型痘疹为特征。OIE 将其列为 A 类疫病。

1. 诊断要点

（1）病原及流行特点。山羊痘病毒均为痘病毒科山羊痘病毒属的成员。该病毒是一种亲上皮性的病毒，大量存在于病羊的皮肤、黏膜的丘疹、脓疮及痂皮内。鼻黏膜分泌物也含有病毒，发病初期血液中也有病毒存在。痘病毒对热的抵抗力不强，55℃ 20 分钟或 37℃ 24 小时均可使病毒灭活；病毒对寒冷及干燥的抵抗力较强，冻干的至少可保存 3 个月以上；在毛中保持活力达 2 个月，在开放羊栏中达 6 个月。

本病主要通过呼吸道感染，病毒也可通过损伤的皮肤或黏膜侵入机体。饲养管理人员、护理用具、皮毛产品、饲料、垫草和寄生虫等都可成为传播的媒介。

羊痘广泛流行于养羊地区，传播快，发病率高。不同品种、性别和年龄的羊均可感染，但细毛羊较粗毛羊、羔羊较成年羊有更高的易感性，病情亦较后者重。在自然条件下，绵羊痘主要感染绵羊；山羊痘则可感染山羊和绵羊。

本病流行于冬末春初。气候严寒、雨雪、霜冻、枯草和饲养管理不良等因素，都可促进发病和加重病情。

（2）临床症状。潜伏期平均为 6~8 天。《陆生动物卫生法典》规定为 21 天。典型羊痘，分前驱期、发痘期、结痂期。病初体温升高，达 41~42℃，呼吸加快，结膜潮红肿胀，流黏液脓性鼻汁。经 1~4 天后进入发痘期。痘疹多见于无毛部或被毛稀少部位，如眼睑、嘴唇、鼻部、腋下、尾根以及公羊阴鞘、母羊阴唇等处，先呈红斑，1~2 天后形成丘疹，突出皮肤表面，随后形成水疱，此时体温略有下降。再经 2~3 天后，由于白细胞集聚，水疱变为脓疱，此时体温再度上升，一般持续 2~3 天。在发痘过程中，如没有其他病菌继发感染，脓疱破溃后逐渐干燥，形成痂皮，即为结痂期，痂皮脱落后痊愈。

顿挫型羊痘，常呈良性经过。通常不发烧，痘疹停止在丘疹期，呈硬结状，不形成水疱和脓疱，俗称“石痘”。

非典型羊痘，全身症状较轻。有的脓疱融合形成大的融合痘（臭痘）；脓疱伴发出血形成血痘（黑痘）；脓疱伴发坏死形成坏疽痘。重症病羊常继发肺炎和肠炎，导致败血症或脓毒败血症而死亡。

（3）病理变化。特征性病变是在咽喉、气管、肺和第四胃等部位出现痘疹。在消化道的嘴唇、食道、胃肠等黏膜上出现大小不同的扁平的灰白色痘疹，其中有些表面破溃形成糜烂和溃疡，特别是唇黏膜与胃黏膜表面更明显。但气管黏膜及其他实质器官，如心脏、肾脏等黏膜或包膜下则形成灰白色扁平或半球形的结节，特别是肺的病变与腺瘤很相似，多发生在肺的表面，切面质地均匀，但很坚硬，数量不定，性状则一致。在这种病灶的周围有时可见充血和水肿等。

2. 防控

（1）预防。采用弱毒疫苗接种预防。平时加强饲养管理，抓好秋膘，特别是冬春季节适当补饲，注意防寒过冬。

（2）疫情处置。一旦发现病畜，立即向上报告疫情，按《中华人民共和国动物防疫法》规定，采取紧急、强制性的控制和扑灭措施。扑杀病羊深埋尸体。畜舍、饲养管理用具等进行严格消毒，污水、污物、粪便无害化处理，健康羊群实施紧急免疫接种。

（二）绵羊痘

绵羊痘又名绵羊“天花”，是由绵羊痘病毒引起的一种急性、热性、接触性传染病。本病以无毛或少毛部位皮肤、黏膜发生痘疹为特征。典型绵羊痘病程一般初为红斑、丘疹，后变为水疱、脓疱，最后结成痂，脱落而痊愈。病羊发热并有较高的死亡率。

1. 诊断要点

（1）病原及流行特点。绵羊痘病毒分类上属于痘病毒科，山羊痘病毒属。病毒核酸类型为 DNA，病毒粒子呈砖形或椭圆形。病毒主要存在于病羊皮肤、黏膜的丘疹、细胞以及痘皮内，病羊的分泌物内也含有病毒，发热期血液内也有病毒存在。病毒可于绵羊、山羊、犊牛等睾丸细胞和肾细胞以及幼仓鼠肾细胞内增殖，并产生细胞病变。病毒也可经绒毛尿囊膜途径接种于发育的鸡胚内增殖。通常可于增殖细胞内产生包涵体。本病毒对直射阳光、高热较为敏感，碱性消毒药及常用的消毒剂均有效，2% 苯酚溶液 15 分钟可灭活病毒，但耐干燥，干燥的痘皮中病毒可存活 6~8 周。

自然条件下，绵羊痘只发生于绵羊，不传染给山羊和其他家畜。病羊和带毒羊为主要传染源，主要通过呼吸道传播，也可经损伤的皮肤、黏膜感染。饲养人员、饲管用具、皮毛产品、饲草、垫料以及外寄生虫均可成为传播媒介。绵羊痘是各种家畜痘病中危害最严重的传染病，羔羊发病、死亡率高，妊娠母羊可发生流产，故产羔季节流行，可招致很大损失。本病一般于冬末春初多发。气候寒冷、雨雪、霜冻、饲料缺乏、饲管不良、营养不足等因素均可促发本病。

（2）临床症状。潜伏期平均 6~8 天。流行初期只有个别羊发病，以后逐渐蔓延至全群。病羊体温升高达 41~42℃，精神不振，食欲减退，并伴有可视黏膜卡他性、脓性炎症。经 1~4 天后，开始发痘。痘疹多发生于皮肤、黏膜无毛或少毛部位，如眼周围、唇、鼻、颊、四肢内侧、阴唇、乳房、阴囊以及包皮上。开始为红斑，1~2 天后形成痘疹，突出于皮肤表面，坚实而苍白。随后，丘疹逐渐扩大，变为灰白色或淡红色半球状隆起的结节。结节在 2~3 天内变成水痘，水痘内容物逐渐增多，中央凹陷呈脐状。在此期间，体温稍有下降。由于白细胞的渗入，水痘变为脓性，不透明，成为脓疱。化脓期间体温再度升高。如无继发感染，则几日内脓痘干缩成为褐色斑块，脱落后遗留微红色或苍白色的瘢痕，经 3~4 周痊愈。

非典型病例不呈现上述典型症状或经过。有些病例，病程发展到丘疹期而终止，即所谓"顿挫型"经过。少数病例，因发生继发感染，痘疱出现化脓和坏疽，形成较深的溃疡，发出恶臭，常为恶性经过；病死率可达 25%~50%。

（3）病理变化。特征性病变是在咽喉、气管、肺和第四胃等部位出现痘疹。在消化道的嘴唇、食道、胃肠等黏膜上出现大小不同的扁平的灰白色痘疹，其中有些表面破溃形成糜烂和溃疡，特别是唇黏膜与胃黏膜表面更明显。但气管黏膜及其他实质器官，如心脏、肾脏等黏膜或包膜下则形成灰白色扁平或半球形的结节，特别是肺的病变与腺瘤很相似，多发生在肺的表面，切面质地均匀，但很坚硬，数量不定，性状则一致。在这种病灶的周围有时可见充血和水肿等。

2. 防控

（1）加强饲养管理。勿从疫区引进羊和购入羊肉、皮毛产品。抓膘保膘，冬春季节适当补饲，注意防寒保暖。

疫区使用羊痘鸡胚化弱毒疫苗，大小羊只一律尾部或股内侧皮内注射 0.5 毫升，4~6 天产生免疫力，保护期 1 年。

（2）疫情处置。发生疫情时，划区封锁，立即隔离病羊，彻底消毒环境，病死羊尸体深埋。疫区和受威胁区未发病羊用鸡胚化弱毒疫苗实施紧急免疫接种。

皮肤上的痘疮，涂碘酊或紫药水；黏膜上的病灶，用 0.1% 高锰酸钾溶液充分冲洗后，涂拭碘甘油或紫药水。继发感染时，肌内注射青霉素 80 万 ~160 万单位，连用 2~3 日；也可用 10% 磺胺嘧啶钠 10~20 毫升，肌内注射 1~3 次。有条件时可用羊痘免疫血清治疗，每只羊皮下注射 10~20 毫升，必要时重复用药 1 次。

四、羊传染性脓疱

羊传染性脓疱俗称“羊口疮”，是由羊口疮病毒引起的绵羊和山羊的一种传染性疾病。本病以患羊口唇等部位皮肤、黏膜形成丘疹、脓疱、溃疡以及疣状厚痂为特征。

（一）诊断要点

1. 流行特点

本病只危害绵羊和山羊，以 3~6 月龄的羔羊发病为多，常呈群发性流行。成年羊也可感染发病，但呈散发性流行。人也可感染羊口疮病毒。病羊和带毒羊为传染源，主要通过损伤的皮肤、黏膜感染。自然感染是由于引入病羊或带毒羊，或者利用被病羊污染的圈舍或牧场而引起。由于病毒的抵抗力较强，本病在羊群内可连续危害多年。

2. 临床症状和病理变化

潜伏期 4~8 天。本病在临床上一般分为唇型、蹄型和外阴型 3 种病型，也见混合型感染病例。

（1）唇型。病羊首先在口角、上唇或鼻镜上出现散在的小红斑，逐渐变为丘疹和小痂节，继而成为水疱或脓疱，破溃后结成黄色或棕色的疣状硬痂。如为良性经过，则经 1~2 周痂皮干燥、脱落而康复。严重病例，患部继续发生丘疹、水疱、脓疱、痂垢，并互相融合，波及整个口唇周围及眼睑和耳郭等部位，形成大面积龟裂、易出血的污秽痂垢。痂垢下伴以肉芽组织增生，痂垢不断增厚，整个嘴唇肿大外翻隆起，影响采食，病羊日趋衰弱。部分病例常伴有坏死杆菌、化脓性病原菌的继发感染，引起深部组织化脓和坏死，致使病情恶化。有些病例口腔黏膜也发生水疱、脓痂和糜烂，使病羊采食、咀嚼和吞咽困难。个别病羊可因继发肺炎而死亡。继发感染的病害可能蔓延至喉、肺以及真胃。

（2）蹄型。病羊多见一肢患病，但也可能同时或相继侵害多数甚至全部蹄端。通常于蹄叉、蹄冠或蹄部皮肤上形成水疱、脓疱，破裂后则成为由脓液覆盖的溃疡。如继发感染则发生化脓、坏死，常波及基部、蹄骨，甚至肌腱或关节。病羊跛行，长期卧地，病期缠绵。也可能在肺脏、肝脏以及乳房中发生转移性病灶，严重者衰竭而死或因败血症死亡。

（3）外阴型。外阴型病例较为少见。病羊表现为黏性或脓性阴道分泌物，在肿胀的阴唇及附近皮肤上发生溃疡；乳房和乳头皮肤（多系病羔吮乳时传染）上发生脓疱、烂斑和痂垢；公羊则表现为阴囊鞘肿胀，出现脓疱和溃疡。

（二）防控

1. 预防

勿从疫区引进羊或购入饲料、畜产品。引进羊须隔离观察 2~3 周，严格检疫，同时应将蹄部多次清洗、消毒，证明无病后方可混入大群饲养。

幼、羔羊口腔黏膜娇嫩，易引起外伤，应避免饲喂粗硬饲料，防止感染；保护羊的皮肤、黏膜勿受损伤，捡出饲料和垫草中的芒刺。加喂适量食盐，以减少羊只啃土啃墙，防止发生外伤。

本病流行区用羊口疮弱毒疫苗进行免疫接种，使用疫苗毒株型应与当地流行毒株相同。也可在严格隔离的条件下，采集当地自然发病羊的痂皮回归易感羊制成活毒疫苗，对未发病羊的尾根无毛部进行划痕接种，10天后即可产生免疫力，保护期可达1年左右。

2. 疫情处置

发病后，用2%的火碱对羊舍及用具进行彻底消毒，并对病羊进行隔离治疗，可用食醋或1%高锰酸钾溶液冲洗创面，再涂以碘甘油或抗生素软膏，每天2次。

五、狂犬病

狂犬病俗称“疯狗病”，又名“恐水病”，是由狂犬病病毒引起的多种动物共患的急性接触性传染病。本病以神经调节障碍、反射兴奋性增高、发病动物表现狂躁不安、意识紊乱为特征，最终发生麻痹而死亡。

（一）诊断要点

1. 病原及流行特点

狂犬病病毒分类上属弹状病毒科，狂犬病病毒属。病毒的核酸类型为单股RNA，在电镜下观察病毒粒子为圆柱体形，底部平，另一端钝圆，呈试管状或子弹状。狂犬病病毒在动物体内主要存在于中枢神经特别是海马角、大脑皮层、小脑等细胞和唾液腺细胞内，并于胞浆内形成对狂犬病为特异的包涵体，称为内基氏小体，呈圆形或卵圆形，染色后呈嗜酸性反应。病毒可在大鼠、小鼠、家兔和鸡胚等脑组织以及仓鼠肾、猪肾等细胞中培养增殖。狂犬病病毒对过氧化氢、高锰酸钾、新洁尔灭、来苏儿等消毒药敏感，1%~2%肥皂水、70%酒精、0.01%碘液、丙酮、乙醚等能使之灭活。

本病以犬类易感性最高，羊和多种家畜及野生动物均可感染发病，人也可感染。传染源主要是患病动物以及潜伏期带毒动物，野生的犬科动物（如野犬、狼、狐等）常成为人、畜狂犬病的传染源和自然保毒宿主。患病动物主要经唾液腺排出病毒，以咬伤为主要传播途径，也可经损伤的皮肤、黏膜感染。经呼吸道和口腔途径感染均已得到证实。本病一般呈散发性流行，一年四季都有发生，但以春末夏初多见。

2. 临床症状

潜伏期的长短与感染部位有关，最短 8 天，长的达 1 年以上。本病在临床上分为狂暴型和沉郁型两种。

狂暴型病畜初精神沉郁，反刍减少、食欲降低，不久表现起卧不安，出现兴奋性和攻击性动作，冲撞墙壁，磨牙流涎，性欲亢进，攻击人畜等。患病动物常舔咬伤口，使之经久不愈，后期发生麻痹，卧地不起，衰竭而死。

沉郁型病例多无兴奋期或兴奋期短，很快转入麻痹期，出现喉头、下颌、后躯麻痹，动物流涎，张口、吞咽困难，最终卧地不起而死亡。

3. 病理变化

尸体常无特异性变化，病畜消瘦，一般有咬伤、裂伤，口腔黏膜、咽喉黏膜充血、糜烂。组织学检查有非化脓性脑炎，可在神经细胞的胞浆内检出嗜酸性包涵体。

（二）防控

1. 预防

扑杀野犬、病犬及拒不免疫的犬类，加强犬类管理，养犬须登记注册，并进行免疫接种。疫区和受威胁区的羊只以及其他动物用狂犬病弱毒疫苗进行免疫接种。加强口岸检疫，检出阳性动物就地扑杀无害化处理。进口犬类必须有狂犬病的免疫证书。

2. 处置

当人和家畜被患有狂犬病的动物或可疑动物咬伤时，迅速用清水或肥皂水冲洗伤口，再用 0.1% 升汞溶液、碘酒、酒精溶液等消毒防腐处理，并用狂犬病疫苗进行紧急免疫接种。有条件时可用狂犬病免疫血清进行预防注射。

六、伪狂犬病

伪狂犬病又名“奥耶斯基氏病”“传染性延髓麻痹”“奇痒病”，是由伪狂犬病病毒引起的家畜和野生动物共患的一种急性传染病，为损害神经系统的急性传染病，绵羊和山羊均可发生。

（一）诊断要点

1. 流行特点

自然感染见于牛、绵羊、山羊、猪、猫、犬以及多种野生动物，鼠类也可自然发病。成年猪感染多呈隐性经过。病畜、带毒家畜以及带毒鼠类为本病的主要传染源。感染猪和带毒鼠类是伪狂犬病病毒重要的天然宿主。羊或其他动物感染多与带毒的猪、鼠接触有关。感染动物通过鼻液、唾液、乳汁、尿液等各种分泌物、排泄物排出病毒，污染饲料、牧草、饮水、用具及环境。本病主要通过消化道、呼吸道途径感染，也可经受伤的皮肤、黏膜以及交配传染，或者通过胎盘、哺乳发生垂直传染。本病一般呈地方性流行或流行性，以冬季、春季发病为多。

2. 临床症状

在自然条件下，潜伏期平均为 2~15 天。病羊主要呈现中枢神经系统受损害的症状。体温升高到 41.5℃，呼吸加快，精神沉郁。唇部、眼睑及整个头部迅速出现剧痒，病畜常摩擦发痒部位。病羊运动失调，常做跳跃状或向前呆望。结膜有严重炎症，口腔排出泡沫状唾液，鼻腔流出浆液性黏性分泌物。病羊身体各部肌内出现痉挛性收缩，迅速发展至咽喉麻痹及全身性衰弱。病程 2~3 天，死亡率很高。

3. 剖检变化

皮肤擦伤处脱毛、水肿，其皮下组织有浆液性或浆性出血性浸润。病理组织学检查，中枢神经系统呈弥漫非化脓性脑膜脑脊髓炎及神经节炎。病变部位有明显的周围血管套以及弥漫的灶性胶质增生，同时伴有广泛的神经节细胞及胶质细胞坏死。神经细胞核内可见到类似尼小体的包涵体。

（二）防控

1. 预防

病愈羊血清中含有抗体，能获得长时期的免疫力。狂犬病与伪狂犬病无交叉免疫。在发病羊场，可使用伪狂犬病疫苗，作两次肌内注射，间隔 6~8 天，注射部位为大腿内侧或颈部（第一次左侧，第二次改为右侧）。接种量：1~6 月龄的羊只，第一次接种 2 毫升，第二次 3 毫升；6 月龄以上的羊只，第一次和第二次均接种 5 毫升。

羊群中发现伪狂犬病后，应立即隔离病羊，停止放牧，严格地进行圈舍消毒。

与病羊同群或同圈的其他羊只应注射免疫血清。当出现新病例时，经 14 天后，再注射一次免疫血清。如果没有出现新病例，应对所有羊只进行疫苗接种。

进行灭鼠，避免与猪接触，防止散播病毒。

2. 处置

注射用伪狂犬病免疫血清或病愈家畜的血清可获得良好效果，但必须在潜伏期或前驱期使用。

七、蓝舌病

蓝舌病是由蓝舌病病毒引起的主要侵害绵羊的一种以库蠓为传播媒介的传染病。本病以发热，消瘦，口腔黏膜、鼻黏膜以及消化道黏膜等发生严重的卡他性炎症为特征，病羊蹄部也常发生病理损害，因蹄真皮层遭受侵害而发生跛行。由于病羊特别是羔羊长期发育不良以及死亡、胎儿畸形、皮毛损坏等，可造成巨大的经济损失。

（一）诊断要点

1. 病原及流行特点

蓝舌病病毒分类上属于呼肠孤病毒科，环状病毒属。病毒核酸类型为双股 RNA。就目前所知，蓝舌病病毒有 24 个血清型，各血清型之间缺乏交互免疫性。本病毒可在鸡胚内增殖，一般经卵黄囊或血管途径接种；病毒也可于乳小鼠和仓鼠脑内接种增殖；羊肾、胎牛肾、犊牛肾、小鼠肾原代和继代细胞均可培养增殖蓝舌病病毒并产生细胞病变。病毒主要存在于病畜的血液以及各脏器之中，康复动物的体内存在达 4~5 个月之久。蓝舌病病毒抵抗力强，50% 甘油中可存活多年，对 2%~3% 氢氧化钠溶液敏感。

蓝舌病病毒主要感染绵羊，所有品种的绵羊均可感染，而以纯种的美利奴羊更为敏感。牛、山羊和其他反刍动物包括鹿、羚羊、沙漠大角羊等野生反刍动物也可感染本病，但临床症状轻缓或无明显症状，而以隐性感染为主。仓鼠、小鼠等实验动物可感染蓝舌病病毒。病羊和病后带毒羊为传染源，隐性感染的其他反刍动物也是危险的传染来源。本病主要通过媒介昆虫库蠓叮咬传播。本病的分布多与库蠓的分布、习性及生活史密切相关。因此，蓝舌病多发生于湿热的晚春、夏季、秋季和池塘、河流分布广的潮湿低洼地区，也即媒介昆虫库蠓大量滋生、活动的季节和地区。

2. 临床症状

潜伏期为 3~8 天，病初体温升高达 40.5~41.5℃，稽留 5~6 天，表现厌食、委顿，落后于羊群。流涎，口唇水肿，蔓延到面部和耳部，甚至颈部、腹部。口腔黏膜充血，后发绀，呈青紫色。在发热几天后，口腔连同唇、齿龈、颊、舌黏膜糜烂，致使吞咽困难；随着病的发展，在溃疡损伤部位渗出血液，唾液呈红色，口腔发臭。鼻流炎性、黏性分泌物，鼻孔周围结痂，引起呼吸困难和鼾声。有时蹄冠、蹄叶发生炎症，触之敏感，呈不同程度的跛行，甚至膝行或卧地不动。病羊消瘦、衰弱，有的便秘或腹泻，有时下痢带血，早期有白细胞减少症。病程一般为 6~14 天，发病率 30%~40%，病死率 2%~3%，有时可高达 90%。患病不死的经 10~15 天痊愈，6~8 周后蹄部也恢复。怀孕 4~8 周的母羊遭受感染时，其分娩的羔羊中约有 20% 发育缺陷，如脑积水、小脑发育不足、回沟过多等。

3. 病理变化

主要见于口腔、瘤胃、心、肌肉、皮肤和蹄部。口腔出现糜烂和深红色区，舌、齿龈、硬腭、颊黏膜和唇水肿。瘤胃有暗红色区，表面有空泡变性和坏死。真皮充血、出血和水肿。肌肉出血，肌纤维变性，有时肌间有浆液和胶冻样浸润。呼吸道、消化道和泌尿道黏膜及心肌、心内外膜均有小点出血。严重病例，消化道黏膜有坏死和溃疡。脾脏通常肿大。肾和淋巴结轻度发炎和水肿，有时有蹄叶炎变化。

（二）防控

1. 预防

加强口岸检疫和运输检疫，严禁从有本病的国家和地区引进牛、羊及其冻精、胚胎。为防止本病传入，进口动物应选在媒介昆虫不活动的季节。从外地引进绵羊时，要严格检疫。

加强国内疫情监测，非疫区一旦发生本病，要采取果断措施，扑杀、无害化处理发病羊和同群动物，污染的环境严格消毒。

在流行地区可在每年发病季节前 1 个月接种疫苗；在新发病地区可用疫苗进行紧急接种。目前所用疫苗有弱毒疫苗、灭活疫苗和亚单位疫苗，以弱毒疫苗比较常用，二价或多价疫苗可产生相互干扰作用，因此二价或多价疫苗的免疫效果会受到一定影响。控制、消灭本病媒介昆虫——库蠓，保持绵羊圈舍清洁卫生，防止库蠓叮咬。夏秋季节提倡在高燥地区放牧并驱赶畜群回圈舍过夜。

2. 处置

对病畜要精心护理，严格避免烈日风雨，给以易消化的饲料，每天用温和的消毒液冲洗口腔和蹄部。预防继发感染可用磺胺类药物或其他抗生素，有条件时病畜或分离出病毒的阳性畜应予以扑杀；血清学阳性畜，要定期复检，限制其流动，就地饲养使用，不能留作种用。

八、山羊关节炎-脑炎

山羊关节炎–脑炎是由山羊关节炎–脑炎病毒引起的山羊的一种慢性病毒性传染病。其主要特征是成年山羊呈缓慢发展的关节炎，间或伴有间质性肺炎和间质性乳房炎；2~6月龄羔羊表现为上行性麻痹的神经症状。本病最早可追溯到瑞士（1964）和德国（1969），称为山羊肉芽肿性脑脊髓炎、慢性淋巴细胞性多发性关节炎、脉络膜–虹膜睫状体炎，实际上与20世纪70年代美国山羊病毒性白质脑脊髓炎在症状上相似。1980年Crawford等人从美国一患慢性关节炎的成年山羊体内分离到一株合胞体病毒，接种SPF山羊复制本病成功，证明上述病是该同一病毒引起的，统称为山羊关节炎–脑炎。

（一）诊断要点

1. 病原及流行特点

山羊关节炎–脑炎病毒（CAEV）为有囊膜的RNA病毒，在环境中相对较脆弱，56℃ 1小时可以完全灭活奶和初乳中的病毒。山羊是本病的主要易感动物。自然条件下，本病只在山羊之间相互传染发病，绵羊不感染。病羊和隐性带毒羊为主要传染源。感染羊可通过粪便、唾液、呼吸道分泌物、阴道分泌物、乳汁等排出病毒，污染环境。病毒主要经吮乳而感染羔羊，污染的牧草、饲料、饮水以及用具、器物可成为传播媒介，消化道是主要的感染途径。各种年龄的羊均有易感性，而以成年羊感染发病居多。感染母羊所产羔羊当年发病率为16%~19%，病死率高达100%，感染羊在良好的饲养管理条件下，多不出现临床症状或症状不明显，只有通过血清学检查，才被发现。饲养管理不良、长途运输或遭受到环境应激因素的刺激，则表现出临床症状。

2. 临床症状

依据临床表现，一般分为3种病型：脑脊髓炎型、关节炎型和肺炎型，多为独立发生。

（1）脑脊髓炎型。潜伏期53~131天。脑脊髓炎型主要发生于

2~6 月龄山羊羔，也可发生于较大年龄的山羊。病初羊精神沉郁、跛行，随即四肢僵硬，共济失调，一肢或数肢麻痹，横卧不起，四肢划动。有些病羊眼球震颤，角弓反张，头颈歪斜或转圈运动，有时面神经麻痹，吞咽困难或双目失明。少数病例兼有肺炎或关节炎症状。病程半月至数年，最终死亡。

（2）关节炎型。关节炎多发生于 1 岁以上的成年山羊，多见腕关节肿大、跛行，膝关节和跗关节也可发生炎症。一般症状缓慢出现，病情逐渐加重，也可突然发生。发炎关节周围的软组织水肿，起初发热、波动，疼痛敏感，进而关节肿大，活动不便，常见前肢跪地膝行。个别病羊肩前淋巴结和腘淋巴结肿大。发病羊多因长期卧地、衰竭或继发感染而死亡。病程较长，1~3 年。

（3）肺炎型。肺炎型病例在临床上较为少见。患羊进行性消瘦、衰弱、咳嗽、呼吸困难，肺部叩诊有浊音，听诊有湿啰音。各种年龄的羊均有发生，病程 3~6 个月。

除上述 3 种病型外，哺乳母羊有时发生间质性乳房炎。

3. 病理变化

病变多见于神经系统、四肢关节、肺脏及乳房。

（1）脑脊髓炎型。小脑和脊髓的白质有 5 毫米大小的棕红色病灶。组织病理学观察，呈现中枢神经系统的非化脓性脑炎以及颈部脊髓的脱髓鞘现象。

（2）关节炎型。发病关节肿胀、波动，皮下浆液渗出。关节滑膜增厚并有出血点。滑膜常与关节软骨粘连。关节腔扩张，充满黄色或粉红色液体，内有纤维素絮状物。病理组织学检查呈慢性滑膜炎，淋巴细胞和单核细胞浸润，严重者发生纤维蛋白坏死。

（3）肺炎型。肺脏轻度肿大，质地变硬，表面散在灰白色小点，切面呈斑块状实变区。支气管淋巴结和纵膈淋巴结肿大。病理组织学检查发现细支气管以及血管周围淋巴细胞、单核细胞浸润，肺泡上皮增生，小叶间结缔组织增生，邻近细胞萎缩或纤维化。

乳腺炎病例，病理组织学检查可见血管、乳导管周围以及腺叶间有大量淋巴细胞、单核细胞和噬细胞渗出，间质常发生局灶性坏死。少数病例肾脏表面有1~2毫米灰白色小点，组织学检查表现为广泛性肾小球肾炎。

（二）防　控

本病目前尚无疫苗和有效治疗方法。预防本病主要以加强饲养管理和采取综合性防疫卫生措施为主。加强检疫，禁止从疫区（疫场）引进种羊；引进种羊前，应先作血清学检查，运回后隔离观察1年，其间再做两次血清学检查（间隔半年），均为阴性时才可混群。采取检疫、扑杀、隔离、消毒和培育健康羔羊群的方法对感染羊群实行净化。羊群严格分圈饲养，一般不予调群；羊圈除每天清扫外，每周还要消毒1次（包括饲管用具），羊奶一律消毒处理；怀孕母羊加强饲养管理，使胎儿发育良好，羔羊产后立刻与母羊分离，用消毒过的喂奶用具喂以消毒羊奶或消毒牛奶，至2月龄时开始进行血清学检查，阳性者一律淘汰。在全部羊只至少连续2次（间隔半年）呈血清学阴性时，方可认为该羊群已经净化。

九、痒　病

痒病又称慢性传染性脑炎，又名“驴跑病”“瘙痒病”或“震颤病”，是由痒病朊病毒引起的成年绵羊（也可见于山羊）的一种缓慢发展的中枢神经系统变性疾病。临诊特征是潜伏期特别长，患病动物共济失调、皮肤剧痒、精神委顿、麻痹、衰弱、瘫痪，最终死亡。痒病是历史最久的传染性海绵状脑病，可谓传染性海绵状脑病的原型。羊群遭受本病感染后，很难清除，几乎每年都有不少羊因患该病死亡或被淘汰。痒病的危害不仅造成羊群死亡淘汰损失，更重要的是失去了活羊、羊精液、羊胚胎以及有关产品的市场，对养羊业危害极大。

（一）诊断要点

1. 病原及流行特点

痒病的病原体具有与普通病原微生物不同的生物学特性，目前定名为朊病毒，或称蛋白侵染因子，迄今未发现其含有核酸。痒病朊病毒可人工感染多种实验动物。动物机体感染后不发热，不产生炎症，无特异性免疫应答反应。痒病朊病毒对各种理化因素抵抗力强，紫外线照射、离子辐射以及热处理均不能使朊病毒完全灭活。在37℃经20%福尔马林处理18小时、0.35%福尔马林处理3个月不完全灭活。在10%~20%福尔马林溶液中可存活28个月。感染脑组织在4℃条件下经12.5%戊二醛或19%过氧乙酸作用16小时也不完全灭活。在20℃条件下置于100%乙醇内2周仍具有感染性。发病动物的脑悬液可耐受pH值2.1~10.5环境达24小时以上。痒病朊病毒不被多种核酸酶（RNA酶和DNA酶）灭活。5摩尔/升氢氧化钠、90%苯酚、5%次氯酸钠、碘酊、6~8摩尔/升尿素、1%十二烷基磺酸钠对痒病病原体有很强的灭活作用。

不同性别、品种的羊均可发生痒病，但品种间存在着明显的易感性差异，如英国萨福克种绵羊更为敏感。痒病具有明显的家族史，在品种内某些受感染的谱系发病率高。一般发生于2~5岁的绵羊，5岁以上的和1岁半以下的羊通常不发病。患病羊或潜伏期感染羊为主要传染源。痒病可在无关联的羊间水平传播，患羊不仅可以通过接触将病原传给绵羊或山羊，也可垂直传播给后代。健康羊群长期放牧于污染的牧地（被病羊胎膜污染），也可引起感染发病。通常呈散发性流行，感染羊群内只有少数羊发病，传播缓慢。小鼠、仓鼠、大鼠和水貂等实验动物均可人工感染痒病。羊群一经感染痒病，很难根除，几乎每年都有少数患羊死于本病。

2. 临床症状

自然感染潜伏期1~3年或更长。起病大多是不知不觉的。早期，病羊敏感、易惊。有些病羊表现有攻击性或离群呆立，不愿采食。有些病羊则容易兴奋，头颈抬起，眼凝视或目光呆滞。大多数病例通常表现行为异常、消瘦、运动失调及痴呆等症状，头颈部以及腹肋部肌肉发生频繁震颤。病羊症状有时很轻微以至于观察不到。用手抓搔病羊腰部，病羊常发生伸颈、咬唇或舔舌等反射性动作。严重时患羊皮肤脱毛、破损甚至撕脱。病羊常啃咬腹肋部、股部或尾部；或在墙壁、栅栏、树干等物体上摩擦痒部皮肤，致使被毛大量脱落，皮肤红肿发炎甚至破溃出血。病羊常以一种高举步态运步，呈现特殊的驴跑步样姿态或雄鸡步样姿态，后肢软弱无力，肌肉颤抖，步态踉跄。病羊体温一般不高，可照常采食，但日渐消瘦，体重明显下降，常不能跳跃，遇沟坡、土堆、门槛等障碍时，反复跌倒或卧地不起、病程数周或数月，甚至 1 年以上。少数病例也取急性经过，患病数日即突然死亡。病死率高，几乎达 100%。

3. 病理变化

病死羊尸体剖检，除见尸体消瘦、被毛脱落以及皮肤损伤外，常无肉眼可见的病理变化。组织病理学检查，突出的变化是中枢神经系统的海绵样变性。自然感染的病羊以中枢神经系统神经元的空泡变性和星状胶质细胞肥大增生为特征，病变通常是非炎症性的。大量的神经元发生空泡化，胞质内出现一个或多个空泡，呈圆形或卵圆形，界限明显，胞核常被挤压于一侧甚至消失。神经元空泡化主要见于延脑、脑桥、中脑和脊髓。星状细胞肥大增生是弥漫性或局灶性，多见于脑干的灰质和小脑皮质内。大脑皮层常无明显的变化。

（二）防控

1. 预防

主要措施是灭蜱，在蜱活动季节，定期对易感动物进行药浴或喷雾杀虫；对痒病、隐性感染羊采取扑杀后焚化。严禁从有痒病的国家和地区引进种羊、精液以及羊胚胎。引进动物时，严格口岸检疫，引入羊在检疫隔离期间发现痒病应全部扑杀、销毁，并进行彻底消毒，以除后患。不得从有病国家和地区购入含反刍动物蛋白的饲料。加强对市场和屠宰场肉类的检验，检出的病羊肉必须销毁，不得食用。

无病地区发生痒病，应立即申报，同时采取扑杀、隔离、封锁、消毒等措施，并进行疫情监测。

2. 处置

本病目前尚无有效的预防和治疗措施。常用的消毒方法有：①焚烧；② 5%~10% 氢氧化钠溶液作用 1 小时；③浸入 5%~10% 次氯酸钠溶液作用 2 小时；④浸入 3% 十二烷基磺酸钠溶液煮沸 10 分钟。

十、绵羊肺腺瘤病

绵羊肺腺瘤病又名“绵羊肺癌”或“驱赶病”，是由绵羊肺腺瘤病病毒引起的一种慢性、接触传染性肺脏肿瘤病。病的特征为潜伏期长，肺泡和支气管上皮进行性肿瘤性增生，病羊消瘦、咳嗽、呼吸困难，转归死亡。

（一）诊断要点

1. 病原及流行特点

绵羊肺腺瘤病病毒被认为是一种反转录病毒，在绵羊肺腺瘤病的肿瘤匀浆和肺组织中发现有 RNA 及依赖 RNA 的 DNA 反转录酶。本病毒有完整或不完整的衣壳，具有囊膜，病毒的外壳是二十面体对称，内有单股 RNA。本病毒抵抗力不强，56℃ 30 分钟可灭活，对氯仿和酸性环境敏感。–20℃条件下病肺细胞里的病毒可存活数年。病毒组织培养较为困难，可于易感绵羊的支气管上皮细胞内增殖；气管内接种易感羔羊，10~22 个月后，在其肺内可产生病变。

各种品种和年龄的绵羊均能发病，以美利奴绵羊的易感性为高，几乎临床发病多为 3~5 岁的绵羊，2 岁以内的羊较少出现症状。除绵羊外，山羊也可发生。病羊是主要传染来源，病羊通过咳嗽、喘气将病毒排出，经呼吸道使附近的易感羊感染。羊群拥挤，尤其在密闭的圈舍中，有利于本病的传播。气候寒冷，可使病情加重，也容易引起感染羊继发细菌性肺炎，致使病程缩短，死亡增多。

2. 临床症状

潜伏期很长，半年至 2 年不等。人工感染的潜伏期长达 3~7 个月。只有成年绵羊和较大的羊才见到临诊表现，病羊逐渐出现虚弱、消瘦、呼吸困难的症状。病初，病羊因剧烈运动而呼吸加快，随病的发展，呼吸快而浅表，吸气时常见头颈伸直、鼻孔扩张。病羊常有湿性咳嗽。当支气管分泌物积聚于鼻腔时，则出现鼻塞音，低头时，分泌物自鼻孔流出。分泌物检查，可见增生的上皮细胞。肺部叩诊、听诊，可听知湿啰音和肺实变区。疾病后期，病羊衰竭、消瘦、贫血，但仍可站立。体温一般正常。病羊常继发细菌性感染，引起化脓性肺炎，导致急性、有时可能呈发热性病程。病羊最终因虚脱而死亡，病死率高，可达100%。

3. 病理变化

病羊死后的病理变化主要局限于肺部及胸部。早期病羊肺尖叶、心叶、膈叶前缘等部位出现弥散性小结节，质地硬，稍突出于肺表面，切面可见颗粒状突起物，反光性强。随病的进展，肺脏出现大量肿瘤组织构成的结节，粟粒至枣子大小。有时一个肺叶的结节增生、融合而形成较大的肿块。继发感染时则形成大小不一的脓肿。患区胸膜增厚，常与胸壁、心包膜粘连。支气管淋巴结、纵隔淋巴结增大，也形成肿块。体腔内常积聚有少量的渗出液。病理组织学检查，肿瘤是由支气管上皮细胞所组成，除见有简单的腺瘤状构造外，还可见到乳头状瘤构造。新增生的细胞呈立方形，胞浆丰富、洗染，核丰富，呈圆形或卵圆形，有的无绒毛结构。排列紧密的上皮细胞由于异常增生，面向肺泡腔和细支气管内延伸，形如乳头状或手指状，逐渐取代正常的肺泡腔。在肺腺瘤病灶之间的肺泡内有大量的巨噬细胞浸润。这些细胞常被腺瘤上皮分泌的黏液连在一起，形成细胞团块。支气管淋巴结、纵隔淋巴结失去正常结构，代之以类似肺部的腺瘤状构造。

（二）防控

1. 预防

严禁从有本病的国家、地区引进羊。进口绵羊时，加强口岸检疫工作，引进羊应严格隔离观察，证明无病后方可混入大群饲养。

2. 处置

本病目前尚无有效的治疗方法。羊群一经传入本病，很难清除，故须全群淘汰，以消除病原。并通过建立无绵羊肺腺瘤病的健康羊群，逐步消灭本病。

十一、梅迪—维斯纳病

梅迪—维斯纳病，是由梅迪—维斯纳病毒引起绵羊的一种慢病毒病，其特征为病程缓慢、进行性消瘦和呼吸困难。梅迪和维斯纳病最初是用来命名在冰岛发现的两种绵羊疾病，其含义分别是呼吸困难和消瘦，目前已知这两种病症是由同一种病毒引起的。

（一）诊断要点

1. 病原及流行特点

梅迪—维斯纳病病毒在分类上属于反转录病毒科，慢病毒属。病毒的核酸类型为单股 RNA。成熟的病毒粒子呈球形。病毒在感染细胞的细胞膜上以出芽方式释放。病毒可在绵羊脉络丛、肺、睾丸、肾和唾液腺细胞内增殖，引起特征性的细胞病变。培养细胞形成大量的多核白细胞，每个白细胞内有 2~20 个细胞核，随后发生细胞病变。病毒主要存在于感染宿主的肺脏、局限淋巴结、脾脏等组织。成熟的梅迪—维斯纳病毒呈球形，直径 90~100 纳米，具有单层的囊膜。病毒粒子核心致密，直径为 30~40 纳米。

病毒在 pH 值 7.2~7.9 最稳定，在 pH 值 ≤ 4.2 以下易于灭活，在 56℃经 10 分钟可被灭活。4℃条件下可存活 4 个月。该病毒可被 0.04% 甲醛或 4% 苯酚及 50% 乙醇灭活。对乙醚、胰蛋白酶及过碘酸盐敏感。

梅迪—维斯纳病主要是绵羊的一种疾病，山羊也可感染。本病发生于所有品种的绵羊，无性别的区别，发病者多为 2~4 岁的成年绵羊。病羊和潜伏期感染羊为主要传染源。自然感染是由于吸入了病羊排出的含有病毒的飞沫所致，也可能经胎盘或乳汁垂直传播。易感绵羊经肺内注射病羊肺细胞的分泌物或血液可发生感染。也可通过污染的饲料、饮水以及牧草经消化道感染。本病多散发，发病率因地域而异。饲养密度过大会助长本病的传播流行。

2. 临床症状

梅迪—维斯纳病潜伏期很长，易感动物在接触病毒 1~3 年后才出现临床症状，随后呈进行性病程。

（1）梅迪病（呼吸道型）。梅迪病患羊首先表现为放牧时掉群，出现干咳，随之呼吸困难日渐加重。病羊鼻孔扩张，头高仰，呼吸急促，听诊或叩诊可听到啰音或实音区。病羊体温一般正常，呈现慢性、进行性、间质性肺炎，体重下降，逐渐消瘦、衰弱，最终死亡。病程一般为2~5个月甚至数年，病死率高。

（2）维斯纳病（神经型）。维斯纳病病羊最初表现为步态异常，运动失调和轻瘫，特别是后肢，易失足和发软。轻瘫逐渐加重最后发生全瘫。有些病例头部也有异常表现，口唇和眼睑震颤，头偏向一侧。病情缓慢进展并恶化，四肢陷入对称性麻痹而死亡。病程数月甚至数年。感染绵羊可终身带毒，但大多数羊并不出现临诊症状。

3. 病理变化

（1）梅迪病。梅迪病的病理变化主要见于肺脏及周围淋巴结。病脑体积和重量均增大2~4倍，呈浅灰黄色或暗红色，触之有橡皮样感觉。肺脏组织增生，质地如肌肉，以隐叶的变化最为严重，心叶、尖叶次之。仔细观察，在胸膜下散在许多针尖大小、半透明、暗灰白色的小点。肺小叶间质明显增生，呈暗灰色细网状花纹，在网眼中显出针尖大小的暗灰色小点。病肺切面干燥，如滴加50%~98%醋酸，很快会出现针尖大小的小结节。支气管淋巴结肿大，平均重量可达40克（正常为10~15克），切面间质发白。病理组织学变化主要为慢性间质性肺炎。肺泡间隔增厚，淋巴样组织增生。在细支气管、血管和脑细胞周围出现弥漫性淋巴细胞、单核细胞以及巨噬细胞的浸润。微小的细支气管上皮、肺泡间隔平滑肌、血管平滑肌上皮增生。

（2）维斯纳病。维斯纳病眼视病变不显著。病理组织学变化主要表现为弥漫性脑膜脑炎，脑膜及血管周围淋巴细胞和小胶质细胞增生、浸润并出现血管套现象。大脑、小脑、脑桥、延脑和脊髓白质内出现弥漫性脱髓鞘现象，在脑膜附近形成脱髓鞘腔。

（二）防控

1. 预防

应从未发生本病的国家或地区引进绵羊和山羊。动物在进口前30天进行梅迪—维斯纳病琼脂扩散试验检测，结果阴性者方可启运。口岸检疫中，如发现梅迪—维斯纳病阳性动物，则作退回或扑杀销毁处理，同群动物严格隔离观察。

2. 处置

本病迄今尚无特异性疫苗供免疫接种，也无有效的治疗方法。应防止健康羊群与病羊接触，发病羊及时隔离、淘汰。病尸或污染物应销毁或作无害化处理。圈舍、饲管用具应用2%氢氧化钠或4%石炭酸消毒。定期用血清学试验检测羊群，淘汰有临诊症状的羊以及血清学反应阳性的羊及其后代，以清除本病，净化畜群。

第四章

常见羊细菌性传染病的防治

一、布鲁氏菌病

羊布鲁氏菌病简称“羊布病”，是由布鲁氏杆菌引起的一种十分严重的人畜共患慢性传染病，又称波状热、懒汉病。世界动物卫生组织（OIE）将该病列为必须通报的传染病之一，在我国被列为二类动物疫病。养羊过程中要加强防控与检测。

（一）诊断要点

1. 流行情况

羊布鲁氏菌病的病原是布鲁氏杆菌，为革兰氏阴性需氧菌，无荚膜、无芽孢，也没有鞭毛，所以不运动。柯兹罗夫斯基染色法染色，布鲁氏菌为红色球杆状小杆菌。主要存活于患病的羊、牛、猪等60多种动物的生殖器官、血液、内脏中，其中以羊、牛、猪布鲁氏杆菌病的危害最大，传播性最强，尤其是羊布病流行病学上最为重要。由于患病母羊的胎盘和流产的羔羊中含有大量的病原菌，被称为“装满细菌的口袋”，并成为主要的传染源，它既是动物布病、也是人类布病的主要传染源。

羊布鲁氏杆菌对外界环境的抵抗力很强，对低温和干燥有较强的抵抗力，如在乳制品、干燥的土壤、冻肉中能存活很长时间，但对温热环境十分敏感，阳光直射1小时可将其灭活；对消毒剂的抵抗力也较弱，10%氢氧化钠溶液、5%过氧乙酸溶液、2%福尔马林溶液、

1%来苏儿等消毒剂都能很好地将其灭活。

自然条件下，易感动物主要是羊、牛、猪等动物，人类也易感染。潜伏期的长短与羊只的抵抗力、体内病原菌数量和环境等因素有关，通常情况下为15天左右。本病多呈地方流行性，牧区多于农区，成年羊比羔羊易感，母羊比公羊易感，南方地区比北方地区易感；多发于春季，高发于夏秋，少发于冬季。

羊布鲁氏菌病传播途径广，病原体随病羊流产的胎儿、羊水、胎衣、阴道分泌物等排出体外，病羊的精液、乳汁、脓汁，特别是污染饲料、用具、饮水、圈舍、周围环境等媒介，然后经消化道、皮肤、生殖道、呼吸道和黏膜进入健康动物体内从而引起发病。蚊虫等吸血昆虫的叮咬也可以导致布病的传播。加工病羊肉、食用病羊的奶及肉制品、吸入含菌的尘埃、与病羊接触而不注意消毒等均可感染该病。

2. 对羊和人的危害

羊布鲁氏菌病主要损害羊的生殖系统和部分关节，临床表现为公羊睾丸炎，母羊流产、胎盘滞留（胎衣不下）等，胎盘和流产的羔羊中含有大量的布鲁氏杆菌，具有较强的传染性。人的布病主要表现为“热—痛—懒”，发烧、出汗、乏力、关节肌肉疼痛等。

（1）对羊造成的危害。由于布病具有一定的潜伏期，初期感染的羊群通常没有明显的临床症状，多数仅表现为多汗，长期发热，因关节肌肉疼痛导致走路摇摆，行走困难或跛行，所以往往不被发现。布鲁氏菌侵害妊娠母羊多出现在妊娠中后期，首先出现分娩征状，接着流产，产下死胎、僵尸胎，勉强能成活的羔羊生长发育缓慢，到生长前期死亡。母羊流产前精神不振、食欲减退，口渴，阴道排出浑浊的黏液等分泌物，流产后胎衣不下，导致子宫内膜炎，严重影响今后的繁殖生育能力；有时还伴有乳腺炎，乳腺变硬，乳汁变性，丧失泌乳能力；少数病羊还会表现关节炎、支气管炎和角膜炎。一般情况下，新发病的羊群流产病例较多见；老疫区羊群发生流产的反而较少，常见的病例有子宫内膜炎、乳腺炎、关节炎、胎衣不下、久配不孕表现的较多。布鲁氏菌侵害公羊，除引发关节炎外，还会引起睾丸炎，临床上可见睾丸肿大、上缩，局部发热，触诊时痛感明显，精神不振，严重影响饮食，最终导致消瘦衰弱，丧失种用价值。

剖检病死羊，肾脏、肝脏有特征性肉芽肿（布病结节），生殖器官炎性坏死。子宫充血、水肿，胎盘绒毛膜下充血、水肿，有明显出血甚至糜烂，有黄色胶状物。胎衣呈淡黄色胶冻样浸润，并覆有胶冻状纤维蛋白和脓液，有时增厚，并有出血点。流产的胎儿第四胃内有白色或淡黄色黏液絮状物，膀胱浆膜下和胃肠黏膜可见出血点或出血条纹斑，肝脏内有大量的坏死灶，脐带肥大增厚，呈现浆液性浸润。患病公羊睾丸上有少量出血点、组织增生，有时有坏死灶。

（2）对人造成的危害。羊布病传播快，是人布病的主要传染源，对人类造成的危害也十分严重。人通过伤口、蚊虫叮咬、注射以及消化道、呼吸道感染布鲁氏菌后，进入机体血液循环系统，导致人的肝肿，持续性发热，关节疼痛，全身无力，严重影响人的劳动能力、生育能力和寿命。

3. 实验室诊断

（1）细菌学检查。无菌采集患病母羊流产胎衣、肝、脾、淋巴结、绒毛膜水肿液、阴道分泌物或流产胎儿的胃内容物等组织，制作相应的涂片，柯兹罗夫斯基染色法染色，镜检，布鲁氏菌为红色球杆状小杆菌，而其他菌呈蓝色。

（2）血清学诊断。常用的血清学诊断方法有虎红平板凝集试验和试管凝集试验等。

在布鲁氏病流行病学调查和大面积检测时，我国将虎红平板凝集试验作为布鲁氏病诊断的初筛检测方法，优点是操作方便、成本低廉、使用广泛，但存在有一定的失误率，易出现假阳性而使诊断错误，但通过多次重复试验即可避免。我国诊断布鲁氏病的法定诊断方法是试管凝集试验，其特异性强，操作也比较方便，容易判定。但受多种因素的影响，易出现假阴性或假阳性，而且有些被感染动物的抗体滴度不一定能达到检测水平，单独使用也容易造成误诊或漏诊。因此，生产实践中，如果先使用虎红平板凝集试验进行初步诊断，再使用试管凝集试验进行最后确诊，可提高诊断正确率。

（二）疫情处置

1. 疫情报告

任何单位和个人如果发现疑似病羊或疫情，养殖场户要主动限制可疑病羊移动，立即隔离，并及时向当地动物防疫监督机构报告，经确认后，按《动物疫情报告管理办法》及有关规定及时上报处置。

2. 疫情处置

动物防疫监督机构在接报后要及时派员到现场核查，进行实验室检查。确诊后，当地人民政府组织有关部门按下列要求处置：对患病羊全部扑杀；受威胁的羊群（病羊的同群羊）隔离饲养，如圈养或使用固定隔离草场放牧，羊圈和隔离牧场要远离交通要道、居民区或人畜密集区，周围最好有自然屏障或设置人工栅栏；病羊及其流产胎儿、胎衣、所有排泄物、乳、乳制品等按照《病死及病害动物无害化处理技术规范》（农医发〔2017〕25号）彻底进行无害化处理；最后开展流行病学调查和疫源追踪，对同群羊依次进行检测；对病羊污染的场所、用具等进行严格消毒，金属设施、设备用火焰喷灯消毒或熏蒸消毒，羊圈舍、运动场等可用2%~3%烧碱等喷雾消毒；垫料、粪便等进行堆积发酵、深埋或焚烧，皮毛用环氧乙烷、福尔马林熏蒸等。如果发生重大布病疫情，当地县级以上人民政府应当按照《重大动物疫情应急条例》有关规定，采取相应的扑灭措施。

（三）防治

由于羊布鲁氏菌病具有广泛的传播性并严重威胁人类身体健康，通常情况下患病羊不能进行治疗而直接扑杀做无害化处理。日常养羊过程中，要坚持以净化和检疫为主的综合防控措施。

1. 加强饲养管理和卫生消毒

加强羊只的日常饲养管理，提高抗病力。加强卫生消毒管理，全面进行有效消毒。做好废弃物无害化处理，彻底消灭病源。

2. 强化疫病监测，严格检疫

每年定期使用虎红平板凝集试验和试管凝集试验对羊群进行检

疫，发现阳性羊坚决进行淘汰。坚持自繁自养、全进全出的饲养制度，禁止从疫区引进羊只。种羊必须引进时，要严格进行产地检疫，并隔离观察饲养最少 2 个月以上，确认健康后才能混群饲养。

3. 加强免疫接种

对于发生过羊布鲁氏菌病的非安全区的所有养羊场甚至周边地区，应选择使用羊布鲁氏菌苗，定期进行免疫接种。一般选择使用布鲁氏菌病活疫苗（S2 株），不论羊年龄大小，口服 1 头份；皮下或肌内注射，山羊每只 1/4 头份，绵羊每只 1/2 头份，免疫有效期 3 年。也可使用布鲁氏菌羊型五号苗，免疫接种后，定期进行抗体监测，抗体滴度达不到要求的免疫羊只直接扑杀进行无害化处理。

二、羊传染性胸膜肺炎

羊传染性胸膜肺炎又称羊支原体肺炎，是由羊肺炎支原体引起的以发热、咳嗽、浆液性和纤维蛋白性肺炎以及胸膜炎为特征的一种高度接触性羊传染病。

（一）诊断要点

最急性型病羊体温升高到 41~42℃，精神沉郁，食欲减退或废绝，病初呼吸急促，很快就表现呼吸困难，剧烈咳嗽，流浆液性鼻液，黏膜发绀，呻吟哀鸣，卧地不起，多于 1~3 天内死亡。

急性型病羊体温升高，咳嗽，病初为湿性短咳，流浆液性鼻液，之后变为痛苦的干咳，流黏脓性铁锈色鼻液；胸部敏感，触摸疼痛，病侧叩诊常有实音区，听诊有支气管呼吸音与摩擦音。孕羊大批流产，哺乳羊和奶山羊泌乳明显减少甚至停止泌乳；肚胀腹泻，口腔溃疡，唇部、乳房皮肤发疹，眼睑肿胀；最后卧地不起，委顿，濒死期体温下降至正常，最终衰竭死亡。

慢性型病羊全身症状表现较轻，体温 40℃左右，间或有咳嗽、腹泻、流涕，身体逐渐消瘦，被毛粗乱。如不能很好地控制继发感染，常很快死亡。

（二）防治

1. 预防

引种时严防引入病羊或带菌羊。如需引进应隔离检疫 1 个月以上，确认健康后方可混群饲养。疫区的羊使用山羊传染性胸膜肺炎灭活疫苗（C87–1 株）皮下或肌内注射，成年羊每只 5 毫升；6 月龄以下羔羊，每只 3 毫升。

2. 治疗

发现病羊要及时隔离、封锁和消毒。选用注射用酒石酸泰乐菌素，成年羊每次 10 毫升，肌内注射，2 次 / 天，连用 3 天；或用恩诺沙星 2.5 毫克 / 千克体重，肌内注射，2 次 / 天，连用 3 天。病情较重的羊或使用价值较高的种羊，可用 5%~10% 葡萄糖注射液 500 毫升，维生素 C 注射液 2~5 克，盐酸消旋山莨菪碱注射液 5~10 毫克，地塞米松磷酸钠注射液 4~12 毫克，混合后一次静脉滴注，1 次 / 天，连用 3 天，同时肌注复方氨基比林注射液 5~10 毫升，1 次 / 天，连用 3 天。以 50 千克体重为准，用金银花、连翘各 40 克，芦根、炒神曲各 30 克，桔梗、荆芥穗、薄荷、黄芩各 25 克，山楂、甘草各 20 克。煎水滤渣，候温灌服，每天 1 剂，连用 3~5 天。

三、羊梭菌性疾病

羊梭菌性疾病是由梭状芽孢杆菌属中的细菌所引起的一类急性传染病，包括羊快疫、羊猝疽、羊肠毒血症、羊黑疫和羔羊痢疾等。这一类疾病的临诊症状有不少相似之处，易混淆。这类疾病都能造成急性死亡，对养羊业危害很大。

（一）羊快疫

羊快疫是由腐败梭菌经消化道感染引起的主要发生于绵羊的一种急性传染病。本病以突然发病，病程短促，真胃出血性炎性损害为特征。

1. 诊断要点

（1）流行特点。发病羊多为 6~18 月龄、营养较好的绵羊，山羊较少发病。主要经消化道感染。腐败梭杆菌通常以芽孢体形式散布于自然界，特别是潮湿、低洼或沼泽地带。羊只采食污染的饲草或饮水，芽孢体随之进入消化道，但并不一定引起发病。当存在诱发因素时，特别是秋冬或早春季节气候骤变、阴雨连绵之际，连寒冷饥饿或采食了冰冻带霜的草料时，机体抵抗力下降，腐败梭菌即大量繁殖，产生外毒素，使消化道黏膜发炎、坏死并引起中毒性休克，使患病羊迅速死亡。本病以散发性流行为主，发病率低而病死率高。

（2）临床症状。患羊往往来不及表现临床症状即突然死亡，常见在放牧时死于牧场或早晨发现死于圈舍内。病程稍缓者，表现为不愿行走，运动失调，腹痛、腹泻，磨牙抽搐，最后衰弱昏迷，口流带血泡沫，多于数分钟或几小时内死亡，病程极为短促。

（3）病理变化。病死羊尸体迅速腐败膨胀。剖检可见黏膜充血呈暗紫色。体腔多有积液。特征性表现为真胃出血性炎症，胃底部及幽门部黏膜可见大小不等的出血斑点及坏死区，黏膜下发生水肿。肠道内充满气体，常有充血、出血、坏死或溃疡。心内、外膜可见点状出血。胆囊多肿胀。

2. 防治

（1）预防。常发病地区，定期接种羊快疫、猝疽、羔羊痢疾、肠毒血症四联干粉灭活疫苗，肌内或皮下注射，按瓶签注明的头份，用前以 20% 氢氧化铝胶生理盐水溶液溶解成 1 毫升 / 头份，不论羊只年龄、体重大小，每只羊 1 毫升；也可用羊快疫、猝疽、羔羊痢疾、肠毒血症三联四防灭活疫苗，直接肌内或皮下注射，不论羊只年龄、体重大小，每只羊 5 毫升。

同时加强饲养管理，禁止去低洼潮湿的地方放牧；禁喂霜草，加强羊舍保暖，防止羊群受凉感冒。

（2）治疗。本病病程短促，往往来不及治疗。病程稍拖长者，可肌注青霉素，每次 80 万 ~100 万单位，1 日 2 次，连用 2~3 日；内服磺胺嘧啶，1 次 5~6 克，连服 3~4 次；也可内服 10%~20% 石灰乳 500~1 000 毫升，连服 1~2 次。必要时可将 10% 安钠咖 10 毫升加于

500~1 000 毫升 5%~10% 葡萄糖溶液中，静脉滴注。

（二）羊猝疽

本病发生于成年绵羊，以 1~2 岁绵羊发病较多。常见于低洼、沼泽地区，多发生于冬、春季节，常呈地方流行性。以急性死亡，形成腹膜炎和溃疡性肠炎为特征。

1. 诊断要点

（1）流行特点。本病发生于成年羊，以 1~2 岁绵羊发病较多，特别是当饲料丰富时易感染，常见于低洼、沼泽地区，多发生于冬季，常呈地方性流行。本病经消化道感染，主要侵害绵羊，也感染山羊。被 C 型荚膜梭菌污染的牧草、饲料和饮水都是传染源。病菌随着动物采食和饮水经口进入消化道，在肠道中生长繁殖并产生毒素，致使动物形成毒血症而死亡。不同年龄、品种、性别均可感染。但 6 个月至 2 岁的羊比其他年龄的羊发病率高。

（2）临床症状。感染发病的羊病程很短，一般为 3~6 小时，往往不见早期症状而死亡，有时可见突然无神，剧烈痉挛，侧身卧地，咬牙，眼球突出，惊厥而死。以腹膜炎、溃疡性肠炎和急性死亡为特征。

（3）病理变化。剖检可见十二指肠和空肠黏膜严重充血糜烂，个别区段可见大小不等的溃疡灶。体腔多有积液，暴露于空气中易形成纤维素絮块。浆膜上有小点出血。死后 8 小时，骨骼肌肌间积聚有血样液体，肌肉出血。

（4）实验室诊断。采集体腔渗出液、脾脏等病料进行细菌学检查；取小肠内容物进行毒素检验以确定菌型。

2. 防治

参照羊快疫的防治措施进行。

（三）羊肠毒血症

羊肠毒血症是魏氏梭菌（产气荚膜梭菌 D 型）在羊肠道内大量繁殖并产生毒素所引起的绵羊急性传染病。该病以发病急、死亡快、死后肾脏多见软化为特征，又称软肾病、类快疫。

1. 诊断要点

（1）流行病学。绵羊和山羊均可感染该病。D 型产气荚膜梭菌为土壤常在菌，也存在于污水中。羊只采食被病原菌芽孢污染的饲料或饮水后，芽孢便进入消化道，其中大部分被真胃里的酸杀死，一小部分进入肠道。本病发生有明显的季节性和条件性，多发于春末夏初青草萌发和秋季牧草结籽后的一段时期：羊吃了大量的菜叶菜根的时候发病，常见于 3~12 月龄膘情较好的羊。

（2）临床症状。本病的症状可见两种类型：一类以抽搐为特征，羊在倒毙前，四肢强烈划动，肌肉抽搐，眼球转动，磨牙，2~4 小时内死亡。另一类以昏迷和静静死亡为特征，可见病羊步态不稳，以后卧地，并有感觉过敏，流涎，上下颌"咯咯"作响，继而昏迷，角膜反射消失，有的可见腹泻，3~4 小时内静静地死去。这两种类型在临诊症状上的差异是吸收毒素多少不一的结果。

（3）病理变化。病变主要限于消化道、呼吸道和心血管系统。真胃内有未消化的饲料；肠道特别是小肠充血、出血，严重者整个肠段肠壁是血红色或有溃疡。肺脏出血、水肿。肾脏软化如泥样，一般认为是一种死后的变化。体腔积液，心脏扩张，心内、外膜有出血点。

2. 防治

参照羊快疫的防治措施进行。

（四）羊黑疫

羊黑疫又名传染性坏死性肝炎，是由 B 型诺维氏梭菌引起的绵羊和山羊的一种急性高度致死性毒血症。本病的特征是肝实质的坏死病灶。

1. 诊断要点

（1）流行病学。本菌能使 1 岁以上的绵羊感染，以 2~4 岁的绵羊发生最多。发病羊多为营养佳良的肥胖羊只，山羊也可感染，牛偶可感染。实验动物中以豚鼠为最敏感，家兔、小鼠易感性较低。本病主要在春夏发生于肝片吸虫流行的低洼潮湿地区。

（2）临床症状。本病在临床上与羊快疫、肠毒血症等极其类似。

病程十分急促，绝大多数情况是未见有病而突然发生死亡。少数病例病程稍长，可拖延1~2天，但没有超过3天的。病畜掉群，不食，呼吸困难，体温41.5℃左右，呈昏睡俯卧，并保持在这种状态下毫无痛苦地突然死去。

（3）病理变化。病羊尸体皮下静脉显著充血，其皮肤呈暗黑色外观（黑疫之名即由此而来）。胸部皮下组织经常水肿。浆膜腔有液体渗出，暴露于空气易于凝固，液体常呈黄色，但腹腔液略带血色。左心室心内膜下常出血。真胃幽门部和小肠充血和出血。肝脏充血肿胀，从表面可看到或摸到有一个到多个凝固性坏死灶，坏死灶的界限清晰，灰黄色，不整圆形，周围常为一鲜红色的充血带围绕，坏死灶直径可达2~3厘米，切面成半圆形。羊黑疫肝脏的这种坏死变化是很有特征的，具有很大的诊断意义。

2. 防治

（1）预防。首先在于控制肝片吸虫的感染。特异性免疫可用黑疫、快疫二联苗或厌气菌七联干粉苗进行预防接种。

（2）治疗。发生本病时，应将羊群移牧于高燥地区。对病羊可用血清抗体治疗。

（五）羔羊痢疾

羔羊痢疾是由B型产气荚膜梭菌所引起的初生羊羔的一种急性毒血症。该病以剧烈腹泻、小肠发生溃疡和羔羊发生大批死亡为特征。

1. 诊断要点

（1）流行病学。本病主要危害7日龄以内的羔羊，其中又以2~3日龄的发病最多，7日龄以上的很少患病。促进羔羊痢疾发生的不良诱因主要有：母羊怀孕期营养不良，羔羊体质瘦弱；气候寒冷，特别是大风雪后，羔羊受冻；哺乳不当，羔羊饥饱不匀。因此，羔羊痢疾的发生和流行，就表现出一系列明显的规律性。草差而又没有搞好补饲的年份，羔羊痢疾常易发生；气候最冷和变化较大的月份，发病较严重；纯种细毛羊的适应性差，发病率和死亡率最高，杂种羊则介于纯种与土种羊之间，其中杂交代数越高者，发病率和病死率也越高。传染途径主要是通过消化道，也可通过脐带或创伤。

（2）临床症状。自然感染的潜伏期为 1~2 天。病初精神委顿，低头弓背，不想吃奶。不久就发生腹泻，粪便恶臭，有的稠如面糊，有的稀薄如水。到了后期，有的还含有血液，直到成为血便。病羔逐渐虚弱，卧地不起，若不及时治疗，常在 1~2 天内死亡，只有少数较轻的，可能自愈。有的病羔，腹胀而不下痢，或只排少量稀粪（也可能带血或呈血便），其主要表现是神经临诊症状，四肢瘫软，卧地不起，呼吸急促，口吐白沫，最后昏迷，头向后仰，体温降至常温以下。病情严重，病程很短，若不加紧救治，常在数小时到十几个小时内死亡。

（3）病理变化。尸体脱水现象严重。最显著的病例变化是在消化道。真胃内往往存在未消化的凝乳块。小肠（特别是回肠）黏膜充血发红，常可见到多数直径为 1~2 毫米的溃疡，溃疡周围有一出血带环绕。有的肠内容物呈血色。肠系膜淋巴结肿胀、充血，间或出血。心包积液，心内膜有时有出血点。肠常有充血或淤血区域。

2. 防治

早发现，早治疗，细护理，有较好疗效。肌注羔羊痢疾高免血清，0.5~1 毫升 / 只。石榴皮、白胡椒、肉豆蔻、茴芹籽、芘拔、草果、桂皮、山柰各 8 克，共研细末，开水冲调，按 10∶1 的比例加入三香曲母，拌匀密闭，保持 20℃左右，过 5~6 天发出酸气时，按 1∶3 比例加入温开水，再密封放置备用。用时过滤取汁，成混合糊状，每次每只患病羔羊 3~5 毫升，口服，1~2 次 / 天。

四、羔羊大肠杆菌病

本病是由致病性大肠杆菌引起的一种以羔羊腹泻、败血症为主的急性、致死性传染病。

（一）诊断要点

本病多发于数日龄至 6 周龄的羔羊，3~8 月龄的羊偶有发生，呈地方性流行或散发，冬春舍饲季节多发。

以腹泻为主的病羊多发于2~8日龄新生羔羊。腹泻，粪便呈半流体，常带有气泡，有时混有血液；羔羊表现腹痛，脱水，体虚；体温略低。如得不到及时有效治疗，常于36小时内死亡。剖检，胃内有乳凝块，肠黏膜充血、水肿、出血，肠腔内有血液和气泡，肠系膜淋巴结肿胀，切面多汁或充血。

以败血症为主的病羊多发生于2~6周龄羔羊。病羊体温41~42℃，精神沉郁，轻度腹泻、腹痛，空口磨牙、运动失调、视力障碍，有时表现关节炎。多在病后12小时内死亡。剖检，胸腔、腹腔、心包内有纤维素渗出、积液；关节肿大，关节腔内含有混浊液体或脓性絮片；脑膜充血、出血。

（二）防治

1. 预防

加强怀孕母羊的饲养管理，提高初乳质量；做好临产母羊的准备工作，用3%~5%来苏儿对产房严格消毒；加强新生羔羊护理，吃初乳前用0.1%的高锰酸钾水擦拭母羊的乳房、乳头和腹下，让羔羊吃足初乳，同时做好羔羊的保暖工作。

2. 治疗

通过药敏试验，选择敏感抗生素治疗。

五、羊放线菌病

羊放线菌病是由牛放线菌、林氏放线杆菌、化脓放线菌（化脓棒状杆菌）和金黄色葡萄球菌等引起的牛羊和其他家畜及人的一种非接触传染的慢性病。其临床特征是病羊局部组织增生、化脓，形成放线菌肿，皮下及皮下淋巴节有脓性的结节组织肿胀。

（一）诊断要点

放线菌存在于污染的土壤、饲料和饮水中，有时还可寄生于口腔、咽部黏膜、扁桃体、乳房和皮肤等部位，当羊的口腔黏膜或皮肤有破损时，即可感染。病羊下颌肿胀，随病情发展，可见皮下组织中形成多个大小不一、手感坚硬的结节，以后结节化脓破溃，日久可形成瘘管。病羊采食困难，逐渐消瘦；舌和咽部黏膜感染时，表现不断流涎，采食、咀嚼、吞咽困难；乳房感染时，多见弥漫性肿大，有时呈病灶性硬结。

（二）防治

1. 预防

饲喂比较粗硬的作物秸秆、有锋芒的谷糠或其他粗饲料时，要进行浸软、氨化、碱化等处理，防止刺伤口腔黏膜，传染本病。同时注意饲料及饮水卫生，尽量不去低洼潮湿的地方放牧。

2. 治疗

比较大的硬结须用外科手术切除。先在硬结周围涂布鱼石脂软膏，2 天后脓肿已经成熟，在最低位置处横切 1.5~2 厘米的开口，轻轻挤压脓肿壁以排出脓汁，创腔用灭菌生理盐水反复冲洗后填塞碘酒纱布，并在创口外留 2 厘米左右的纱布，以便引流脓汁。每天更换 1 次碘酒纱布。患部周围用青霉素 1 万 ~1.5 万单位 / 千克体重，链霉素 10 毫克 / 千克体重，每天 2 次，连用 5 天。

如果病羊脓肿比较小，可直接用青霉素 1 万 ~1.5 万单位 / 千克体重，链霉素 10 毫克 / 千克体重、0.5% 普鲁卡因 5 毫升，在脓肿周围分点注射，每天 2 次，连用 4 天。

六、羊炭疽

炭疽是由炭疽杆菌引起的一种急性、热性、败血性人畜共患传染病，常呈散发性或地方性流行，绵羊最易感染。病羊体内以及排泄物、分泌物中含有大量的炭疽杆菌。健康羊采食了被污染的饲料、饮水或通过皮肤损伤感染了炭疽杆菌，或吸入带有炭疽芽孢的灰尘，均可导致发病。

（一）诊断要点

1. 病原与流行特点

炭疽杆菌是一种粗而长的革兰氏阳性大杆菌，不运动，分类属芽孢杆菌科、芽孢杆菌属。本菌在形态上具有明显的双重性：在病料内，常单个散在，或几个菌体相连，呈短链条排列，菌体周围绕以肥厚的荚膜，整个菌体宛如竹节状，但不形成芽孢；在人工培养物内或自然界中，菌体呈长链状排列，两边接触端如刀切状，于适宜条件下可形成芽孢，位于菌体中央；芽孢具有很强的抵抗力，在干燥环境中能存活10年之久，煮沸需15~25分钟才能杀死，临床上常用20%漂白粉、0.5%过氧乙酸和10%氢氧化钠作为消毒剂。

各种家畜及人对该病都有易感性，羊的易感性高。病羊是主要传染源，濒死病羊体内及其排泄物中常有大量菌体，若尸体处理不当，炭疽杆菌形成芽孢并污染土壤、水、牧地，则可成为长久的疫源地。羊吃了污染的饲料或饮水而感染，也可经呼吸道和由吸血昆虫叮咬而感染。本病多发于夏季，呈散发或地方性流行。

2. 临床症状

多为最急性，突然发病，患羊昏迷，眩晕，摇摆，倒地，呼吸困难，结膜发绀，全身战栗，磨牙，口角流出血色泡沫，肛门流出血液，且不易凝固，数分钟即可死亡。羊病情缓和时，兴奋不安，行走摇摆，呼吸加快，心跳加速，黏膜发绀，后期全身痉挛，天然孔出血，数小时内即可死亡。

3. 病理变化

死后出现尸体迅速腐败而极度膨胀，天然孔流血，血液呈酱油色或煤焦油样，凝固不良，可视黏膜发绀或有点状出血，尸僵不全。对死于炭疽的羊，严禁解剖。

（二）防治

1. 预防

疫区及受本病威胁地区的易感羊，每年均应用羊2号炭疽芽孢苗皮下注射1毫升。有炭疽病例发生时，应及时隔离病羊，对污染的羊舍、用具及地面要彻底消毒，可用10%热氢氧化钠液或20%漂白粉连续消毒3次，间隔1小时。病羊群除去病羊后，全群应用抗菌药3天，有一定预防作用。

2. 治疗

发现病羊，立即将病羊和可疑羊进行隔离，迅速上报有关部门，尸体禁止解剖和食用，应就地掩埋；病死羊躺过的地面应除去表土15~20厘米，并于20%漂白粉混合深埋，环境严格消毒，污物用火焚烧，相关人员加强个人防护。

已确诊的患病肉羊，一般不予治疗，而应严格销毁。如果必须治疗时，应在严格隔离和防护条件下进行。可采用特异血清疗法结合药物治疗。病羊皮下或静脉注射抗炭疽血清30~60毫升，必要时于12小时后再注射1次，病初应用效果好。炭疽杆菌对青霉素、土霉素及氯霉素敏感。其中青霉素最为常用，剂量按每千克体重15万单位，每8小时肌内注射1次，直到体温下降后再继续注射2~3天。

七、羊破伤风

破伤风是一种急性中毒性传染病，多发生于新生羔羊，绵羊比山羊多见。其特征为全身或部分肌肉发生痉挛性收缩，表现出强硬状态。本病为散发，没有季节性，必须经创伤才能感染，特别是创面损伤复杂、创道深的创伤更易感染发病。

（一）诊断要点

1. 病原及流行特点

破伤风是由破伤风梭菌经伤口感染引起的急性、中毒性传染病。病菌侵入伤口以后，在局部大量繁殖，并产生毒素，危害神经系统。由于本菌为专性厌氧菌，故被土壤、粪便或腐败组织所封闭的伤口，最容易感染和发病。

破伤风梭菌产生破伤风痉挛毒素、溶血毒素及非痉挛性毒素，其中破伤风痉挛毒素引起该病特征性症状和刺激保护性抗体的产生。溶血毒素引起局部组织坏死，为该菌生长繁殖创造条件；静脉注射溶血毒素可引起实验动物溶血死亡。非痉挛毒素对神经末梢有麻痹作用。

破伤风梭菌在自然界中广泛存在，肉羊经创伤感染破伤风梭菌后，如果创口内具备缺氧条件，病原在创口内生长繁殖产生毒素，作用于中枢神经系统而发病。常见于外伤、阉割和脐部感染。在临床上有不少病例往往找不出创伤，这种情况可能是在破伤风潜伏期中创伤已经愈合，也可能是经胃肠黏膜的损伤而感染。该病以散发形式出现。

2. 临床症状

病初症状不明显，以后表现为不能自由卧下或起立，四肢逐渐强直，运步困难，角弓反张，牙关紧闭，流涎，尾直，常发生轻度肠臌胀。突然的声响，可使骨骼肌发生痉挛，致使病羊倒地。发病后期，常因急性肠胃炎而引起腹泻。病死率很高。

3. 实验室诊断

有必要时，可从创伤感染部位取材，进行细菌分离和鉴定，结合动物实验进行诊断。

（二）防治

1. 预防

（1）预防注射。破伤风类毒素是预防本病的有效生物制剂。羔羊的预防，以母羊妊娠后期注射破伤风类毒素较为适宜。

（2）创伤处理。羊身上任何部分发生创伤时，均应用碘酒或2%的红汞严格消毒，并应避免泥土及粪便侵入伤口。对一切手术伤口，包括剪毛伤、断尾伤及去角伤等，均应特别注意消毒。对感染创伤进行有效的防腐消毒处理。彻底排出脓汁、异物、坏死组织及痂皮等，并用消毒药物（3%过氧化氢、2%高锰酸钾或5%~10%碘酊）消毒创面，并结合青链霉素，在创伤周围注射，以清除破伤风毒素来源。

（3）注射抗破伤风血清。早期应用抗破伤风血清（破伤风抗毒素）。可一次用足量（20万~80万单位），也可将总用量分2~3次注射，皮下、肌内或静脉注射均可；也可一半静脉注射，一半肌内注射。抗破伤风血清在体内可保留2周。应注意在发生外伤时立即用碘酊消毒；阉割羊或处理羔羊脐带时，也要严格消毒。

2. 治疗

可将病羊置于光线较暗的安静处，给予易消化的饲料和充足的饮水。彻底消除伤口内的坏死组织，用3%过氧化氢、1%高锰酸钾或5%~10%碘酊进行消毒处理。病初应用破伤风抗毒素5万~10万单位肌内或静脉注射，以中和毒素；为了缓解肌肉痉挛，可用25%硫酸镁注射液10~20毫升肌内注射，并配合应用5%碳酸氢钠100毫升静脉注射。对长期不能采食的病羊，还应每天补糖、补液，当病羊牙关紧闭时，可用3%普鲁卡因5毫升和0.1%肾上腺素0.2~0.5毫升，混合注入咬肌。

八、羊钩端螺旋体病

钩端螺旋体病是由钩端螺旋体引起的人、畜共患的一种自然疫源性传染病。临床特征为黄疸、血色素尿、黏膜和皮肤坏死、短期发热和迅速衰竭。羊感染后多呈隐性经过。全年均可发病，以夏、秋放牧期间更为多见。

（一）诊断要点

1. 流行特点

该病的易感动物范围广，包括各种家畜和野生动物，其中鼠类最易感。病畜和带菌动物是传染源，特别是带菌鼠在钩端螺旋体病的传播上起着重要的作用。病原从尿排出后，污染周围的水源和土壤，经皮肤、黏膜和消化道而感染。该病多发于夏、秋季节，气候温暖、潮湿和多雨地区尤为多发。

2. 临床症状

绵羊和山羊钩端螺旋体病的潜伏期为4~15天。依照病程不同，可将该病分为最急性、急性、亚急性、慢性和非典型性五种。通常均为急性或亚急性，很少呈慢性者。

（1）最急性病例体温升高到40~41.5℃，脉搏增加达90~100次/分钟。呼吸加快，黏膜发黄。尿呈红色，有下痢。经12~14小时而死亡。

（2）急性病例体温高达40.5~41℃，由于胃肠道弛缓而发生便秘，尿呈暗红色。眼发生结膜炎，流泪。鼻腔流出黏液脓性或脓性分泌物，鼻孔周围的皮肤破裂。病期持续 5~10 天，死亡率达 50%~70%。

（3）亚急性病例症状与急性者大体相同，但病情发展比较缓慢。体温升高后，可迅速降到常温，也可能下降后又重复升高。黄疸及血色素尿很显著。耳部、躯干及乳头部的皮肤发生坏死。胃肠道显著弛缓，因而发生严重的便秘。虽然可能痊愈，但极为缓慢。死亡率为 24%~25%。

（4）慢性患病羊临床症状不显著，只是呈现发热及血尿。病羊食欲减少，精神委顿，由于肠胃道动作弛缓而发生便秘。时间经久，表现十分消瘦。某些病羊可能获得痊愈，病期长达 3~5 个月。

（5）非典型性病例急性型所特有的症状不明显，甚至缺乏，疫群内往往有些羊仅仅表现短暂的体温升高。

3. 病理变化

尸体消瘦，可见黏膜湿润，呈深浅不同的黄色。皮下组织水肿而黄染。骨骼软弱而多汁，呈柠檬黄色。胸、腹腔内有黄色液体。肝脏增大，呈黄褐色，质脆弱或柔软。肾脏的病变具有诊断意义；肾剧烈增大，被膜很容易剥离，切面通常湿润，髓质与皮质的界限消失，组织柔软而脆。病期长久时，则肾脏变为坚硬。肺脏黄染，有时水肿，心脏淡红，大多数情况下带有淡黄色。膀胱黏膜出血。脑室中聚积有大量液体。血液稀薄如水，红细胞溶解，在空气中长时间不能凝固。

（二）防治

1. 预防

经常注意环境卫生，做好灭鼠、排水工作。不许将病畜或可疑病羊（钩端螺旋体携带者）运入安全牧场、队。对新进入场的羊只，应隔离检疫 30 天，必要时进行血清学检查。

饮水为本病传播的主要方式，因此在隔离病羊以后，应将其他假定健康的羊转移到具有新饮水处的安全放牧地区。

彻底清除病羊舍的粪便及污物，用 10%~20% 生石灰水或 2% 氢氧化钠溶液严格消毒。对于饲槽、水桶及其他日常用具，应用开水或热草木灰水处理，将粪便堆集起来，进行生物热消毒。

当羊群或牧场发生本病时，应当宣布为疫群或疫场，采取一定的限制措施。在最后一只病羊痊愈后 30 天，并进行预防消毒的情况下，才可解除限制措施。

在常发病地区，应该有计划地进行死菌苗或鸡胚化菌苗或多价浓缩菌苗注射。免疫期可达一年。

2. 治疗

一般认为链霉素和四环素族抗生素对本病有一定疗效。链霉素按每千克体重 15~25 毫克，肌内注射，1 天 2 次，连用 3~5 天；土霉素按每千克体重 10~20 毫克，肌内注射，每天 1 次，连用 3~5 天。如使用青霉素，必须大剂量才有疗效。

九、绵羊巴氏杆菌病

巴氏杆菌病主要是由多杀性巴氏杆菌所引起的各种家畜、家禽和野生动物的一种传染病，在绵羊主要表现为败血症和肺炎。本病分布广泛。主要发生于断奶羔羊，也发生于 1 岁左右的绵羊，山羊较少见。本病在冬末春初呈散发或地方性流行，应激因素对其发生影响很大。

（一）诊断要点

1. 病原及流行特点

多杀性巴氏杆菌抵抗力不强，对干燥、热和阳光敏感，用一般消毒剂在数分钟内可将其杀死。本菌对链霉素、青霉素、四环素以及磺胺类药物敏感。

多种动物对多杀性巴氏杆菌都有易感性。在绵羊多发于幼龄羊和羔羊；山羊不易感染。病羊和健康带菌羊是传染源。病原随分泌物和排泄物排出体外，经呼吸道、消化道及损伤的皮肤而感染。带菌羊在受寒、长途运输、饲养管理不当、抵抗力下降时，可发生自体内源性感染。

2. 临床症状

按病程长短可分为最急性、急性和慢性 3 种。

（1）最急性。多见于哺乳羔羊，突然发病，出现寒战，虚弱，呼吸困难等症状，于数分钟至数小时内死亡。

（2）急性。精神沉郁，体温升高到 41~42℃，咳嗽，鼻孔常有出血，有的混于黏性分泌物中。初期便秘，后期腹泻，有时粪便全部变为血水。病羊常在严重腹泻后虚脱而死，病期 2~5 天。

（3）慢性。病程可达 3 周。病羊消瘦，不思饮食，流黏脓性体液，咳嗽，呼吸困难。有时颈部和胸下部发生水肿。有角膜炎，腹泻；临死前极度衰弱，体温下降。

3. 病理变化

剖检一般在皮下有液体浸润和小点状出血，胸腔内有黄色渗出物，肺有淤血、小点状出血和肝样变，偶见有黄豆至胡桃大的化脓灶，胃肠道出血性炎症，其他脏器呈水肿和淤血，且有小点状出血，但脾脏不肿大。病期较长者机体消瘦，皮下胶样浸润，常见纤维性胸膜肺炎，肝有坏死灶。

（二）防治

1. 预防

平时应注意饲养管理，避免羊受寒。发生本病后，羊舍用 5% 漂白粉或 10% 石灰乳彻底消毒；必要时用高免血清或疫苗给羊作紧急免疫接种。

2. 治疗

发现病羊和可疑病羊立即隔离治疗。庆大霉素、四环素以及磺胺类药物都有良好的治疗效果。庆大霉素按每千克体重 1 000~1 500 单位，四环素每千克体重 5~10 毫克，20% 磺胺嘧啶 5~10 毫升，均肌内注射，每日 2 次。或使用复方新诺明或复方磺胺嘧啶，口服，每次每千克体重 25~30 毫克，1 日 2 次。直到体温下降，食欲恢复为止。

十、羊链球菌病

羊链球菌病是严重危害山羊、绵羊的疫病，它是由溶血性链球菌引起的一种急性热性传染病，多发于冬春寒冷季节（每年 11 月至次年 4 月）。本病主要通过消化道和呼吸道传染，其临床特征主要是下颌淋巴结与咽喉肿胀。临床上表现的特征为发热，下颌和咽喉部肿胀，胆囊肿大和纤维素性肺炎。

（一）诊断要点

1. 流行特点

本病主要发生于绵羊，绵羊易感性高，山羊次之；实验动物以家兔最为敏感，小鼠和鸽也具有易感性。病羊和带菌羊是本病的主要传染源，通常经呼吸道排出病原体。自然感染主要通过呼吸道途径，也可通过损伤的皮肤、黏膜以及羊虱蝇等吸血昆虫叮咬传播。病死羊的肉、骨、皮、毛等可散播病原，在本病传播中具有重要作用。新发病区常是流行性发生，老疫区则呈地方性流行或散发性流行。本病一般于冬、春季节气候寒冷、草质不良时多发。

2. 临床症状

人工感染的潜伏期为 3~10 天。病羊体温升高至 41℃，呼吸困难，精神不振，食欲低下，反刍停止。眼结膜充血，流泪，常见流出脓性分泌物；口流涎水，并混有泡沫；鼻孔流出浆液性、脓性分泌物。咽喉肿胀，颌下淋巴结肿大，部分病例舌体肿大。粪便松软，带有黏液或血液。有些病例可见眼睑、口唇、面颊以及乳房部位肿胀。怀孕羊可发生流产。病羊死前常有磨牙、呻吟和抽搐现象。病程一般 2~5 天。急性病例呼吸困难，24 小时内死亡。一般情况下 2~3 天死亡。

3. 病理变化

病理变化主要以败血性变化为主。尸僵不显著或者不明显。淋巴结出血、肿大。鼻、咽喉、气管黏膜出血。肺脏水肿、气肿，肺实质出血、肝变，呈大叶性肺炎，有时可见有坏死灶；肺脏常与胸腔壁粘连。肝脏肿大，表面有少量出血点；胆囊肿大2~4倍，胆汁外渗。肾脏质地变脆、变软、肿胀、梗死，被膜不易剥离。各脏器浆膜面常覆盖有黏稠、丝状的纤维素样物质。

（二）防治

1. 预防

（1）改善放牧管理条件，保暖防风，防冻，防拥挤，防病原传入。

（2）定期消灭羊体内外寄生虫。

（3）做好羊圈及场地、用具的消毒工作。入冬前，用链球菌氢氧化铝甲醛菌苗进行预防注射，羊不分大小，一律皮下注射3毫升，3月龄内羔羊14~21天后再免疫注射1次。

（4）加强饲养管理，做好抓膘、保膘及保暖、防风、防冻、防拥挤。做好羊圈及场地、用具的消毒工作。入冬前应用链球菌氢氧化铝甲醛菌苗进行预防注射。羊只不分大小，一律皮下注射3毫升，3月龄内羔羊14~21天后再免疫注射1次。在流行地区给每只健康羊注射抗羊链球菌血清或青霉素等抗生素有一定的效果。

（5）未发病地区勿从疫区引入种羊、购进羊肉或皮毛产品，加强防疫检疫工作。

2. 治疗

发病后，对病羊和可疑羊要分别隔离治疗，场地、器具等用10%的石灰乳或3%的来苏儿严格消毒，羊粪及污物等堆积发酵，病死羊进行无害化处理。每只病羊用青霉素30万~60万国际单位肌注，每日1次，连用3天。肌注10毫升10%的磺胺噻唑，每日1次，连用3天。也可用磺胺嘧啶或氯苯磺胺4~8克灌服，每日2次，连用3天。

高热者每只用30%安乃近3毫升肌内注射，病情严重食欲废绝的给予强心补液，5%葡萄糖盐水500毫升，安钠咖5毫升，维生素C 5毫升，地塞米松10毫升静脉滴注，每天2次，连用3天。

第五章

常见羊普通病的防治

一、口　炎

羊口炎是羊的口腔黏膜表层和深层组织的炎症。原发性口炎多由外伤引起；继发性口炎则多发生于羊患口疮、口蹄疫、羊痘、霉菌性口炎、过敏反应和羔羊营养不良时。

（一）诊断要点

1. 发病原因

按炎症的性质，有卡他性口炎、水疱性口炎和溃疡性口炎，临床上最常见的是卡他性口炎。一年四季均可发生，夏末、秋初多发。

原发性口炎多因机械性损伤（如粗硬的饲料、铁丝、铁钉等尖锐异物刺伤，或牙齿生长不规则等）、物理和化学刺激（如口服浓度过高、过热的刺激性、腐蚀性药物等，如生石灰水、醋酸、氨水，灌服过热的中药，抢食刚煮出来的稀粥，吃了发霉变质或有毒的饲料，浓度过大的刺激性药物）；继发性口炎常见于舌伤、咽炎以及某些传染病，如羊患口疮、口蹄疫、羊痘、过敏反应等。

2. 临床症状

卡他性口炎病羊精神沉郁，初期体温升高至40~41℃，拒食粗硬的饲料，采食稀软饲料也不加咀嚼即匆匆吞咽或直接吐出；唾液增多，口腔湿润，口唇周围有白色泡沫，严重时口涎从口角流出，呈牵丝状，灰白色；口腔黏膜潮红肿胀，舌苔厚重，舌体边缘溃疡，呼出气有腐败气味或甘臭味。水疱性口炎可在口腔黏膜上见到大小不等的水疱；口腔黏膜上如出现糜烂、坏死或溃疡，则为溃疡性口炎。

（二）防治

1. 预防

加强饲料饲草管理，防止混进尖锐物品；精心饲养管理，避免偷食或误食具有腐蚀性物品；勤检查口腔和牙齿，发现异常及时处置；不喂过热、过期、发霉变质、有毒的食物和药物；及时治疗传染病。

2. 治疗

羊得了口炎，应喂给柔软富含营养易消化的草料，并补喂牛奶、羊奶；轻度口炎的病羊可选用 0.1% 高锰酸钾、0.1% 雷夫奴尔溶液、3% 硼酸溶液、10% 浓盐水、2% 明矾水等反复冲洗口腔，洗毕后涂碘甘油，每天 1~2 次，直至痊愈为止；口腔黏膜溃疡时，可用 5% 碘酊、碘甘油、龙胆紫溶液、磺胺软膏、四环素软膏等涂拭患部；病羊体温升高，继发细菌感染时，可用青霉素 40 万 ~80 万单位，链霉素 100 万单位，肌内注射，每天 2 次，连用 2~3 天；或服用或注射磺胺类药物。

二、羊谷物酸中毒

谷物酸中毒是因羊采食或偷食谷物饲料过多，从而引起瘤胃内产生乳酸的异常发酵，使瘤胃内微生物增多和纤毛虫生理活性降低的一种消化不良疾病。

（一）诊断要点

1. 发病原因

多因管理不当，羊偷吃或过食了大量的富含碳水化合物的谷物，如大麦、小麦、玉米、高粱、水稻或谷皮和豆粕等精料饲料所引起。

2. 临床症状

通常在过食谷物饲料后 4~6 小时内发病，呈急性消化不良，表现精神沉郁，腹胀，喜卧，亦见有腹泻，很快死亡。

一般症状为食欲、反刍减少，很快废绝，瘤胃蠕动变弱，很快停止。触诊瘤胃胀软，内容物为液体。体温正常或升高，心律和呼吸增数，眼球下陷，血液黏稠，皮肤丧失弹性，尿量减少，常伴有瘤胃炎和蹄叶炎。

（二）防治

1. 预防

加强饲养管理，严防羊偷食谷物饲料及突然增加精饲料的喂量，应控制喂量，做到逐步增加，使之适应。

2. 治疗

（1）中和胃液。用5%碳酸氢钠1 500毫升胃管洗胃或用石灰水洗胃。石灰水制作：生石灰1千克，加水5升，搅拌均匀，沉淀后用上清液。

（2）强心补液。可用5%葡萄糖盐水500~1 000毫升，10%樟脑磺酸钠5毫升，混合静脉注射。

（3）健胃轻泻。用大黄苏打片15片、陈皮酊10毫升、豆蔻酊5毫升、石蜡油100毫升，混合加水，1次内服。

三、羊食道阻塞

羊食道阻塞又称食管梗阻，是指食物或异物突然阻塞在食道内，发生的吞咽障碍。本病按发病的程度和部位分完全阻塞和不完全阻塞，以及咽部、颈部、胸部阻塞。

（一）诊断要点

1. 发病原因

主要是由于羊饥饿后抢食、贪食一大口食物或块根、块茎类饲料及异物，又未经咀嚼便囫囵吞下所致，或在垃圾堆放处放牧，羊采食了菜根、萝卜、甘薯、南瓜、马铃薯或塑料袋、地膜等阻塞性食物或异物而引起。

继发性食道阻塞见于异嗜癖（营养缺乏症）、食道狭窄、扩张、憩室、麻痹、痉挛及炎症等病程中。

2. 临床症状

该病一般多突然发生。一旦阻塞，病羊采食停止，头颈伸直，伴有吞咽和作呕动作；口腔流涎，骚动不安；或因异物吸入气管，引起咳嗽。当阻塞物发生在颈部食道时，局部突起，形成肿块，手触可感觉到异物形状；当发生在胸部食道时，病羊疼痛明显，并可继发瘤胃臌气。

（二）防治

1. 预防

防止羊偷食未加工的块根块茎类饲料；补喂家畜生长素制剂或饲料添加剂；清理牧场、厩舍周围的废弃杂物。

2. 治疗

（1）吸取法。阻塞物为草料食团时，可将羊保定好，在阻塞物上部或前部软化阻塞物。用橡皮球吸水注入胃管，反复冲洗阻塞物上方食道，边注入边吸出，反复操作，直至食道畅通。

（2）胃管探送法。阻塞物在近贲门部位时，可先将2%普鲁卡因溶液5毫升、石蜡油30毫升混合后，用胃管送至阻塞部位，待10分钟后，再用硬质胃管推送阻塞物进入瘤胃中。

（3）砸碎法。当阻塞物易碎、表面光滑并阻塞在颈部食道时，可在阻塞物两侧垫上布鞋底，将一侧固定，在另一侧用木槌或拳头砸（用力要均匀），使其破碎后咽入瘤胃。

注意，若继发瘤胃臌气，可施行瘤胃放气术，以防病羊发生窒息。

四、羊前胃弛缓

羊前胃弛缓是前胃兴奋性和收缩力降低的疾病。

（一）诊断要点

1. 发病原因

主要是羊体质衰弱，再加上长期饲喂粗硬难以消化的饲草；突然更换饲养方法，供给精料过多，运动不足等；饲料品质不良，霉败，冰冻，虫蛀，染毒；长期饲喂单调、缺乏纤维素的饲料。此外，瘤胃臌气、瘤胃积食、肠炎以及其他内、外、产科疾病等，亦可继发此病。

2. 临床症状

该病常见有急性和慢性两种。

（1）急性。病羊食欲废绝，反刍停止，瘤胃蠕动力量减弱或停止；瘤胃内容物腐败发酵，产生多量气体，左腹增大，触诊不坚实。

（2）慢性。病羊精神沉郁、倦怠无力，喜欢卧地，被毛粗乱，体温、呼吸、脉搏无变化，食欲减退，反刍缓慢，瘤胃蠕动力量减弱，次数减少。若因采食有毒植物或刺激性饲料而引起发病的，则瘤胃和皱胃敏感性增高，触诊有疼痛反应，有的羊体温升高。如伴有胃肠炎时，肠蠕动显著增加，下痢，或便秘与下痢交替发生。

若为继发性前胃弛缓，常伴有原发性疾病的特征症状。

（二）防治

1. 预防

注意饲料的配合，防止长期饲喂过硬、难以消化或单一劣质的饲料，合理饲喂精料，不可任意增加饲料用量或突然变更饲料；在休息期间，应注意适当的运动；供给充足的饮水，以温水为宜。

2. 治疗

应消除病因，加强饲养管理，因过食引起者，可采用饥饿疗法，禁食 2~3 次，然后供给易消化的饲料，使之恢复正常。

药物疗法，应先投给泻剂，清理胃肠，再投给兴奋瘤胃蠕动和防腐止酵剂。成年羊可用硫酸镁或人工盐 20~30 克、石蜡油 100~200 毫升、番木鳖酊 2 毫升、大黄酊 10 毫升，加水 500 毫升，1 次内服。10% 氯化钠 20 毫升、10% 氯化钙 10 毫升、10% 安钠咖 2 毫升，混合后，1 次静脉注射。也可用酵母粉 10 克、红糖 10 克、酒精 10 毫升、陈皮酊 5 毫升，混合加水适量，1 次内服。瘤胃兴奋剂可用 2% 毛果芸香碱 1 毫升，皮下注射。防止酸中毒，可内服碳酸氢钠 10~15 克。另外可用大蒜酊 20 毫升、龙胆末 10 克，加水适量，1 次内服。

中药可用党参30克，白术30克，陈皮30克，茯苓30克，木香30克，麦芽60克，山楂60克，建曲60克，生姜60克，苍术30克，半夏25克，豆蔻45克，砂仁30克。共为细末，开水冲调，一次灌服。

五、羊瘤胃积食

瘤胃积食是瘤胃充满多量食物，使正常胃的容积增大，胃壁急性扩张，食糜滞留在瘤胃引起严重消化不良的疾病。

（一）诊断要点

1. 发病原因

该病主要是吃了过多的喜爱采食的饲料，如苜蓿、青饲、豆科牧草；或养分不足的粗饲料，如干玉米秸秆等；采食干料，饮水不足，也可引起该病的发生。

该病还可继发于前胃弛缓、瓣胃阻塞、创伤性网胃炎、腹膜炎、皱胃炎及皱胃阻塞等疾病过程。

2. 临床症状

发病较快，采食、反刍停止，病初不断嗳气，随后嗳气停止，腹痛摇尾，或后蹄踏地，弓背，哞叫。后期病羊精神萎靡。左侧腹部轻度膨大，腰窝略平或稍凸出，触诊硬实。瘤胃蠕动初期增强，以后减弱或停止，呼吸促迫，脉搏增速，黏膜发绀。严重者可见脱水，发生自体酸中毒和胃肠炎。

（二）防治

1. 预防

日常要做好饲养管理，确保饲料营养价值全面，尽量不要让患病羊进食粗糙坚硬的粗饲料，秸秆性饲料要经过全面加工，切碎软化处理后，才能饲喂。禁止投喂发霉变质，带有冰碴的饲料。日常要做到定时定量饲喂，防止饥饱不均匀，确保饲料搭配适合。羊群每次采食饲料后，要及时饮水，避免患病羊一次性采入大量精饲料，或粗饲料。同时还要保证科学放牧。在放牧之前，可以让羊群进食适量的精饲料，以控制羊群新鲜牧草的采食量。

2. 治疗

病情较轻的可禁食1~2天，勤喝水，经常按摩瘤胃，每次10~15分钟，可自愈。较重病例应遵循消导下泻，止酵防腐，纠正酸中毒，健胃，补充液体的治疗原则。

（1）消导下泻。可用石蜡油100毫升、人工盐或硫酸镁50克，芳香氨酯10毫升，加水500毫升，1次内服。

（2）止酵防腐。可用鱼石脂1~3克、陈皮酊20毫升，加水250毫升，1次内服。亦可用煤油3毫升，加温水250毫升，摇匀呈油悬浮液，1次内服。

（3）纠正酸中毒。可用5%碳酸氢钠溶液100毫升，5%葡萄糖溶液200毫升，1次静脉注射。

心脏衰弱时，可用10%安钠咖注射液5毫升，或10%樟脑磺酸钠注射液4毫升，肌内注射。呼吸系统和血液循环系统衰竭时，可用尼可刹米注射液2毫升，肌内注射。

种羊发生急性瘤胃积食，若应用药物治疗不能达到目的时，宜迅速进行瘤胃切开手术，进行急救。

六、羊瓣胃阻塞

瓣胃阻塞是由于羊瓣胃的收缩力量减弱，食物排出作用不充分，通过瓣胃的食糜积聚，不能后移，充满瓣叶之间，水分被吸收，内容物变干而致病。

（一）诊断要点

1. 发病原因

该病主要由于饮水不足和饲喂秕糠、粗纤维饲料而引起；或饲料和饮水中混有过多的泥沙，使泥沙混入食糜，沉积于瓣胃瓣叶之间而发病。

本病可继发于前胃弛缓、瘤胃积食、皱胃阻塞、瓣胃和皱胃与腹膜粘连等疾病。

2. 临床症状

病羊初期症状与前胃弛缓相似，瘤胃蠕动力量减弱，瓣胃蠕动消失，并可继发瘤胃臌气和瘤胃积食。触压病羊右侧第七至第九肋间，肩胛关节水平线上下时，羊表现疼痛不安。粪便干少，色泽暗黑，后期停止排粪。随着病程延长，瓣胃小叶发炎或坏死，常可继发败血症，此时可见体温升高、呼吸和脉搏加快，全身表现衰弱，病羊卧地不能站立，最后死亡。

（二）防治

1. 预防

少给羊饲喂坚硬的粗纤维饲草，增加青绿多汁饲料，保证足量饮水，增加运动，避免长期、单纯补饲麸皮、糟糠之类的饲料。

2. 治疗

应以软化瓣胃内容物为主，辅以兴奋前胃运动机能，促进胃肠内容物排出。

瓣胃注射疗法，对顽固性瓣胃阻塞疗效显著。具体方法是：准备25% 硫酸镁溶液 30~40 毫升，石蜡油 100 毫升，在右侧第九肋间隙和肩胛关节线交界下方，选用 12 号 7 厘米长针头，向对侧肩关节方向刺入 4 厘米深，刺入后可先注入 20 毫升生理盐水，试其有较大压力时，表明针已刺入瓣胃，再将上述准备好的药液用注射器交替注入瓣胃，于第二日再重复注射 1 次。

瓣胃注射后，可用 10% 氯化钙 10 毫升、10% 氯化钠 50~100 毫升、5% 葡萄糖生理盐水 150~300 毫升，混合 1 次静脉注射。待瓣胃松软后，皮下注射 0.1% 氨甲酰胆碱 0.2~0.3 毫升，兴奋胃肠运动机能，促进积聚物下排。

七、羊皱胃阻塞

皱胃阻塞是皱胃内积满过多的食糜，使胃壁扩张，体积增大，胃黏膜及胃壁发炎，食物不能排入肠道所致。

（一）诊断要点

1. 病因

主要由于饲养管理、饲料改变不当所致，有时饲料中混入过多的羊毛等杂物，时间一长就会形成毛团，堵塞皱胃；有的是由于消化机能和代谢机能紊乱，食糜积蓄过多，发生异嗜的结果；也见于迷走神经调节机能紊乱，继发前胃弛缓、皱胃炎、小肠秘结、创伤性网胃炎等疾病。

2. 临床症状

该病发展较缓慢，初期似前胃弛缓症状，病羊食欲减退，排粪量少，以至停止排粪，粪便干燥，其上附有多量黏液或血丝。右腹皱胃区扩大，瘤胃充满液体，叩击皱胃区可感觉到坚硬的皱胃胃体。

羔羊哺乳期，常因过食羊奶使凝乳块聚结，充盈皱胃腔内，或因毛球移至幽门部不能下行，形成阻塞物，继发皱胃阻塞。病羔临床表现食欲废绝，腹胀疼痛，口流清涎，眼结膜发绀，严重脱水，腹泻触诊瘤胃、皱胃松软。

（二）防治

1. 预防

平时要加强饲养管理，除去致病因素，尤其对饲料的品质、加工调配等要特别注意。做到定时定量喂料，供给足量的清洁饮水。冬季注意圈舍保暖和环境卫生。

2. 治疗

应先给病羊输液（见瓣胃阻塞治疗），可试用25%硫酸镁溶液50毫升、甘油30毫升、生理盐水100毫升，混合作皱胃注射。操作方法应按如下步骤进行：首先在右腹下肋骨弓处触摸皱胃胃体，在胃体突起的腹壁部剪毛，碘酊消毒，用12号针头刺入腹壁入皱胃胃壁，再用注射器吸取胃内容物，当见有胃内容物残渣时，可以将要注射的药液注入。待10小时后，再用胃肠通注射液1毫升（体格小的羊用0.5毫升），1次皮下注射，每日两次；或用比赛可灵注射液2毫升，皮下注射，亦可重复使用。

中药治疗可用大黄 9 克、油炒当归 12 克、芒硝 10 克、生地 3 克、桃仁 2.5 克、三棱 2.5 克、莪术 2.5 克、郁李仁 3 克，煎成水剂内服。

对于发病的种羊，用药物治疗无效时，可考虑进行皱胃切开术，以排出阻塞物。

羔羊瓣胃阻塞，可用石蜡油 20 克，加温水 2 毫升，1 次内服。此外，病羔可诱发胃肠炎和机体抵抗力降低，应进行全身保护性治疗。

八、羊急性瘤胃臌气

（一）诊断要点

1. 发病原因

急性瘤胃臌气，是羊采食了大量易发酵的饲料，或秋季放牧羊群在草场采食了多量的豆科牧草后，迅速产生大量气体而引起的前胃疾病。冬春两季给怀孕母羊补饲精料，群羊抢食，其中抢食过量的羊也易发病，并可继发瘤胃积食。

2. 临床症状

初期病羊表现不安，回顾腹部，弓背伸腰，腰窝突起，有时左旁腰向外突出，高于髋节或脊背水平线；反刍和嗳气停止，触诊腹部紧张性增加，叩诊是鼓音，听诊瘤胃蠕动力量减弱，次数减少，死后剖解可见瘤胃臌胀。

（二）防治

1. 预防

加强饲养管理，严禁在苜蓿地放牧；注意饲草饲料的贮藏，防止霉败变质；防止羊偷食精饲料，一般能预防。

2. 治疗

本病的治疗原则是胃管放气，防腐止酵，清理胃肠。轻者用一根木棍涂上松节油横放在羊口中，赶羊做上爬运动；重症用套管针或导胃管排气、放气，缓解腹部压力，或用 5% 的碳酸氢钠溶液 1 500 毫升洗胃，以排出气体及中和胃内容物，必要时可进行瘤胃穿刺放气。放气后通过针管注入 0.5% 的普鲁卡因青霉素 80 万 ~240 万单位，或酒精 20~30 毫升，也可灌服豆油、花生油等 50~100 毫升，以消气止酵，防止窒息。可灌服 5% 的碳酸氢钠溶液 1 500 毫升洗胃，促进瘤胃内容物排出；对因采食腐败饲料发病的羊，也可用石蜡油 100 毫升、鱼石脂 2 克、酒精 10~15 毫升，加水适量，1 次内服；或用氧化镁 30 克，加水 300 毫升；或用 8% 氢氧化镁混悬液 100 毫升，1 次内服。

九、羊创伤性网胃腹膜炎及心包炎

创伤性网胃腹膜炎及心包炎是由于异物刺伤网胃壁而发生的一种疾病。

（一）诊断要点

1. 发病原因

该病主要由于尖锐金属异物（如钢丝、铁丝、缝针、发卡、锐铁片等）混入饲料被羊吃进网胃，因网胃收缩，异物刺破或损伤胃壁所致。如果异物经横隔膜刺入心包，则发生创伤性网胃心包炎。异物穿透网胃壁或瘤胃壁时，可损伤脾、肝、肺等脏器，此时可引起腹膜炎及各部位的化脓性炎症。

2. 临床症状

（1）创伤性网胃炎症状。病羊精神沉郁，食欲减少，反刍缓慢或停止，行动谨慎，表现疼痛，弓背，不愿急转弯或走下坡路。触诊用手叩击网胃区及心区，或用拳头顶压剑突软骨区时，病畜表现疼痛、呻吟、躲闪。肘头外展，肘肌颤动。前胃弛缓，慢性瘤胃臌气。血液检查，白细胞总数每立方毫米高达 14 000~20 000 个，白细胞分类初期核左移。嗜中性白细胞高达 70%，淋巴细胞则降至 30% 左右。

（2）创伤性网胃心包炎症状。心动过速，每分钟 80~120 次，颈静脉怒张，粗如手指。颌下及胸前水肿。听诊心音区扩大，出现心包摩擦音及拍水音。病的后期，常发生腹膜粘连、心包积脓和脓毒败血症。

根据临床症状和病史，结合进行金属探测仪及 X 光透视拍片检查，即可确诊。

（二）防治

1. 预防

平时要注意检查饲料中是否有异物，特别是金属异物。在饲料加工设备中安装磁铁，以排出铁器，并严禁在牧场或羊舍内堆放铁器。饲喂人员勿带尖细的铁器用具进入羊舍，以防止混落在饲料中，被羊食入。

2. 治疗

羊创伤性网胃腹膜炎及心包炎可行瘤胃切开术，清理排出异物。如病程发展到心包积脓阶段，病羊应予淘汰。

对症治疗，消除炎症，可用青霉素 40 万 ~80 万单位、链霉素 50 万单位，1 次肌内注射。亦可用磺胺嘧啶钠 5~8 克、碳酸氢钠 5 克，加水内服，每日 1 次，连用 1 周以上。亦可用健胃剂、镇痛剂。

十、羊胃肠炎

胃肠炎是胃肠黏膜及其深层组织的出血性或坏死性炎症。

（一）诊断要点

1. 发病原因

（1）原发性胃肠炎。多种因素都能够引起该类型胃肠炎，主要是由于羊只饲养管理不规范，或者饲养环境突然发生改变，导致机体自我调节能力减弱，胃肠菌群发生紊乱等引起。当羊只饲喂品质低劣的饲料，如在放牧过程中食入过多的冰冻饲草，发生霉变的青贮、干草、豆饼、玉米以及精饲料等；采食使用农药或者化学药品处理的种子，各种有毒植物：饲草料中存在刺激性的化肥，如硝铵和过磷酸钙等，或者饮水不卫生；食入大量的芒硝、芦荟和蓖麻油等；圈舍湿度过大、卫生条件较差，冬春气候寒冷季节机体瘦弱，缺乏营养；服用规定用量的驱虫药物，都能够引起胃肠炎。

（2）继发性胃肠炎。当羊只患有其他前胃疾病，某些传染病（如羊快疫、羔羊大肠杆菌病、羊巴氏杆菌病和羊副结核等）或者寄生虫病（如羊钩虫、肝片形吸虫、结节虫等）都能够继发引起该病。另外，羊只其他器官发生病变，如口腔、牙齿、心脏、肝脏、肺脏、肾脏等，也能够继发引起胃肠炎。

2. 临床症状

该病临床上主要特征是发热、腹痛、消化机能紊乱、腹泻、脱水以及毒血症。病羊表现出精神萎靡，食欲不振或者完全废绝，明显口臭，且舌苔较重；发生腹泻，排出水样或者粥样粪便，并散发腥臭味，且往往混杂黏液、脱落的黏膜组织以及血液，有时甚至混杂脓液；明显腹痛，肌肉不停震颤，肚腹蜷缩。

发病初期，肠音有所增强，之后逐渐减弱，甚至完全消失；如果导致直肠发生炎症，会出现里急后重的排粪现象。

发病后期，肛门明显松弛，排粪失禁甚至自痢。体温明显升高，心率加速，呼吸急促，眼窝凹陷，眼结膜发绀或者暗红，皮肤弹性变差，尿液量减少。

随着症状的加重，病羊体温开始逐渐降低，低于正常水平，四肢厥冷，体表静脉萎陷，精神萎靡，甚至陷入昏迷或者昏睡状态。病羊患有慢性胃肠炎，表现出食欲多变，时坏时好，或采食量不断减少，往往出现异食癖，从而出现经常舔食泥土或者舔厩舍墙壁的现象。

（二）防治

1. 预防

羊只饲喂品质优良且容易消化的草料，禁止饲喂混有发生霉变或者混杂腐蚀性、刺激性化学物质的饲草，合理搭配草料，保证含有全面营养，同时供给清洁卫生的饮水。栏舍保持干燥、卫生，严格进行消毒，羊场过道可定期使用 3% 氢氧化钠溶液或者生石灰等进行消毒。

2. 治疗

病羊可灌服由硫酸镁 50 克，鱼石脂 2 克，酒精 10 毫升，适量饮水混合，按每千克体重肌内注射庆大霉素 4 毫克，每天 2 次，连续使用 3 天。为避免发生脱水，病羊可静脉注射 5% 葡萄糖溶液 300 毫升、10% 樟脑磺酸钠 4 毫升、维生素 C 20 毫升，每天 2 次，连续使用 3 天。为防止发生酸中毒，病羊可静脉注射 0.9% 氯化钠溶液 500 毫升，或 5% 碳酸氢钠溶液 200 毫升，连续使用 2~3 天。病羊恢复阶段，为促使食欲尽快恢复可使用健胃散，如内服龙胆酊 10 毫升，或者人工盐 10 克，每天 2 次，连续使用 2 天。

中药用白芍、秦皮、金银花、当归、黄芩各 20 克，甘草、山楂、木香、郁金各 10 克，加水煎煮后取药液给病羊内服；也可取木香、黄连各 4 克，鸡内金、陈皮各 18 克，白头翁 24 克，山楂、泽泻、茯苓各 12 克，山栀、大黄、黄芩各 6 克，加水煎煮后给病羊灌服；也可取干姜 15 克，槐花、地榆、葛根各 20 克，白术、防风各 25 克，加水煎煮后给病羊灌服；也可取丹皮、黄连各 6 克，葛根 12 克，黄柏、赤芍、黄芩各 9 克，陈皮、金银花、白头翁、连翘各 15 克，加水煎煮后给病羊灌服。

十一、脓　肿

（一）诊断要点

1. 发病原因

羊体局部受到外力刺伤（铁丝、铁钉的锐物）或打针受污染后，容易造成皮下化脓性炎症而变成脓肿。

2. 临床症状

脓肿的临床症状和一般的炎症类似，都具有红、肿、热、痛等表现。一般的，脓肿特别是浅在性热性脓肿表现红、肿、热、痛的症状比较明显，而寒性脓肿局部温度并不高。无论是哪种脓肿，都表现局部肿胀、疼痛、有波动感，这对脓肿的诊断具有决定性的意义。深部脓肿都会表现皮肤与皮下组织水肿的病理现象。

为了避免诊断上的错误，可进行疑似脓肿穿刺，抽取内容物判定，最为可靠。方法是：局部剪毛消毒后，用大号注射针头，选择波动明显的低部位，垂直刺入脓肿腔，内容物可自动流出，或安上注射器吸出内容物，如流出脓汁，即可确定为脓肿；否则就不是脓肿。

（二）防治

1. 预防

加强饲养管理，防止羊体刺伤，注射时要严格无菌操作。

2. 治疗

（1）切开。要注意切口的位置、长度和方向，既要求便于彻底排出脓汁，又不要损伤主要的血管、神经，也不宜超过脓肿的界限，以免损伤健康组织和感染扩散。由于解剖条件的限制，不能切开的脓肿，可用穿刺抽出脓汁。若脓肿过大，或其底部尚有多量脓汁，一个切口不能彻底排出脓汁时，可做一对孔切口排脓，切开时先将术部常规处理。切开时为了防止脓汁向外喷射，可先用针头穿刺排出一部分脓汁，最后选择柔软部位，先以刀尖刺入皮肤慢慢切开，下刀不宜过深，以防误伤对侧脓肿膜，而使脓汁扩散。

（2）排脓。切开脓肿后，力求彻底排出脓汁，但要注意不要破坏脓肿膜，以免损伤肉芽组织和感染扩散。另外检查脓腔，应注意有无残留的坏死组织和孔腔蓄脓，对于通过脓肿腔的血管和神经应加以保护。

（3）脓腔的处置。首先进行脓肿腔内检查，对腔内异物或坏死组织应小心除去，然后对浅在性脓肿可用防腐液反复清洗，以便除去脓腔内的残余脓汁与坏死组织。对于深在性脓肿可用挥发性防腐剂，如碘仿醚灌注。排出脓汁后，用浸有松碘油膏或磺胺碘甘油或0.1%雷佛奴尔液的纱布块放入脓肿腔内引流，以保证脓汁通畅排出和防止切口过早愈合，以后根据脓汁多少，及时更换引流物。

（4）全身疗法。根据脓肿的大小、感染程度，除局部处理外，要注意全身疗法，可用抗生素与磺胺疗法、碳酸氢钠疗法以及普鲁卡因封闭疗法等。

十二、急性系关节扭伤

（一）诊断要点

1. 发病原因

羊在不平的地面上急走、急转、急停、跌倒、失足蹬空或跳跃等各种原因的外力作用，容易造成羊的急性系关节扭伤。

2. 临床症状

如果发现羊站立时呈系关节站立状态，以蹄尖负重，患肢弯曲，系关节屈曲不敢下沉，系部直立；运动时系关节屈伸不充分，不敢下沉，蹄负重面不全着地，常以蹄尖触地前进，行走沉重；触诊关节内侧或外侧韧带，明显热、痛、肿胀，被动运动时，疼痛剧烈，病羊反抗，基本即可断定是急性系关节扭伤。

系关节扭伤多在运动过程中突然发生跛行，而病情逐渐加重，跛行程度越走越重。因此，在诊断时还要注意了解患病羊是否有失步蹬空、滑走、急跑突然停止或急转弯、跌倒、跳跃等情况。

（二）防治

1. 预防

加强饲养管理，防止放牧中急赶急走，不跳沟壑，防止关节扭伤。

2. 治疗

羊急性系关节扭伤的治疗原则是制止出血和炎症，促进吸收，镇痛消炎，舒筋活血，预防组织增生，恢复关节机能。

在伤后1~2天内，要用冷水浴或冷敷（冷醋酸铅溶液，冷醋泥贴敷）进行冷疗和包扎压迫绷带，严重时可注射加速凝血剂（10%氯化钙溶液，维生素K_3）使病羊安静，以制止出血和渗出。急性炎性渗出减轻后，应及时用温热疗法，促进吸收。如关节内的出血不能吸收时，可作关节穿刺排出，同时通过穿刺针向关节腔内注射0.25%普鲁卡因青霉素溶液。

为减轻患部疼痛，可注射安痛定等镇痛药物，也可向疼痛较重的患部注射盐酸普鲁卡因酒精溶液 10~15 毫升，同时配合涂擦碘酊樟脑酒精合剂。对于转为慢性或较轻的病例，可在患部涂擦碘樟脑醚合剂，连用 3~5 天。

十三、羊小叶性肺炎及化脓性肺炎

（一）诊断要点

1. 发病原因

小叶性肺炎是支气管与肺小叶或肺小叶群同时发生炎症。小叶性肺炎多因羊受寒感冒，物理化学因素的刺激，条件性病原菌的侵害，如巴氏杆菌、链球菌、化脓放线菌、坏死杆菌、绿脓杆菌、葡萄球菌等的感染；羊肺线虫也可引起发病。此外，本病可继发于口蹄疫、放线菌病、子宫炎、乳房炎。还可见于羊耳蜗、外伤所致的肋骨骨折、创伤性心包炎、胸膜炎的病理过程中。

2. 临床症状

小叶性肺炎初期呈急性支气管炎的症状，即咳嗽，体温升高，呈弛张热型，高达 40℃以上；呼吸浅表、增数，呈混合性呼吸困难。呼吸困难的程度，随肺脏发炎的面积大小而不同，发炎面积越大，呼吸越困难，呈现低弱的痛咳。胸部叩诊，出现不规则的半浊音区。浊音则多见于肺下区的边缘，其周围健康部的肺脏，叩诊音高朗。听诊肺区肺泡音减弱或消失，初期出现干啰音，中期出现湿啰音、捻发音。

化脓性肺炎病灶常呈现散在性的特点，是小叶性肺炎没有治愈、化脓菌感染的结果。病羊呈现间歇热，体温升高至 41.5℃；咳嗽，呼吸困难。肺区叩诊，常出现固定的似局灶性浊音区，病区呼吸音消失。其他基本同小叶性肺炎。血液检查白细胞总数增加，其中嗜中性白细胞占 70%，核分叶增多。

根据病羊的临床表现即可确诊。但应注意与大叶性肺炎、咽炎、旁鼻窦疾病加以区别。

（二）防治

1. 预防

平时要加强饲养管理，保持圈舍卫生，防止吸入灰尘。勿使羊受寒感冒，杜绝传染病感染。在插胃管时，防止误插入气管中。

2. 治疗

治疗的原则是消炎止咳、解热强心。消炎止咳可应用 10% 磺胺嘧啶钠 20 毫升，或用抗生素（青霉素、链霉素）肌内注射；氯化铵 1~5 克、酒石酸锑钾 0.4 克、杏仁水 2 毫升，加水混合灌服。亦可应用青霉素 40 万 ~80 万单位、0.5% 普鲁卡因 2~3 毫升，气管注入。或用卡那霉素 0.5 克，肌内注射，每日两次，连用 5 天。解热强心可用 10% 樟脑水注射液 4 毫升或复方氨基比林 10 毫升，肌内注射。

十四、羔羊白肌病

羔羊白肌病亦称肌营养不良症，是伴有骨骼肌和心肌变性，并发生运动障碍和急性心肌坏死的一种微量元素缺乏症。

（一）诊断要点

1. 发病原因

有的研究资料表明，该病是由于缺硒所致。随着生命科学及食物链研究的深化，多数学者认为与母乳中缺乏维生素 E 或缺硒、钴、铜和锰等微量元素有关。

2. 临床症状

病羔精神不振，运动无力，站立困难，卧地不愿起立；有时呈现强直性痉挛状态，随即出现麻痹、血尿；死亡前昏迷，呼吸困难。

有的羔羊病初不见异常，往往于放牧时由于受到惊动后剧烈运动或过度兴奋而突然死亡。该病常呈地方性同群发病，应用其他药物治疗不能控制病情。

（二）防治

1. 预防

加强母羊饲养管理，供给豆科牧草，母羊产羔前补硒，可收到良好效果。

2. 治疗

应用硒制剂，如0.2%亚硒酸钠溶液2毫升，每月肌内注射1次，连用2次。与此同时，应用氯化钴3毫克、硫酸铜8毫克、氯化锰4毫克、碘盐3克，加水适量内服。如辅以维生素E注射液300毫克肌内注射，则效果更佳。

十五、绵羊酮尿病

绵羊酮尿病常发生在绵羊和山羊妊娠后期，以酮尿为主要症状。绵羊多发生于冬末春初；山羊发病没有严格的季节性。

（一）诊断要点

1. 发病原因

该病发生的主要原因是营养不足，怀孕后期胎儿相对发育较快，母体代谢丧失平衡，引起脂肪代谢障碍，脂肪代谢氧化不完全，形成中间产物。从自然分布分析，多见于缺乏豆科牧草的荒漠和半荒漠地带，尤其是前一年干旱，第二年更易发病。此外，亦见于种羊精料饲喂供给量较大时。

2. 临床症状

初期，病羊掉群，不能跟群放牧，视力减退，呆立不动，驱赶强迫运动时，步态摇晃。后期，意识紊乱，不听主人呼唤，视力消失。神经症状常表现为头部肌肉痉挛，并可出现耳、唇震颤，空嚼，口流泡沫状唾液。由于颈部肌肉痉挛，抬头后仰，或偏向一侧，亦可见到转圈运动。若全身痉挛，可突然倒地死亡。在发病过程中病羊食欲减退，前胃蠕动减弱，黏膜苍白或黄疸；体温正常或略低；呼出气及尿中有丙酮气味。采用亚硝基铁氰化钠法检验酮尿液，呈阳性反应。

（二）防治

1. 预防

加强饲养管理，冬季设置防寒棚舍，春季补饲干草，适当补饲精料（豆类）、骨粉、食盐等；冬季补饲甜菜根、胡萝卜。

2. 治疗

可用25%葡萄糖注射液50~100毫升，静脉注射，以防肝脂肪变性。调理体内氧化还原过程，可每日饲喂醋酸钠15克，连用5日。

十六、绵羊脱毛症

绵羊脱毛症系指在非寄生虫性、皮肤无病变的情况下，被毛发生脱落或是被毛发育不全的总称。

（一）诊断要点

1. 发病原因

多数学者认为，该病与缺乏锌和铜元素有关。长期饲喂块根类饲料的羊群也见有发病者。

2. 临床症状

成年羊被毛无光泽，色灰暗，营养不良，不同程度的贫血。有异嗜癖，表现为相互啃食被毛，喜吃塑料袋、地膜等异物。病羊被毛脱落，严重时腹泻，偶见视力模糊。体温、脉搏正常。有时整片脱毛，以背、项、胸、臀部最易发生。

羔羊病初啃食母羊被毛，有异嗜癖，喜食污粪或舔土。以后食入的被毛在胃内形成毛球，当毛球横径大于幽门或嵌入肠道使皱胃和肠道阻塞时，羔羊呈现消化不良、便秘、腹痛及胃肠臌气，严重者表现消瘦、贫血。

（二）防治

增加维生素和微量元素；加强饲养管理，改换放牧地；饲料中补加0.02%碳酸锌，每周绵羊口服硫酸铜1.5克；补饲家畜生长素，增喂精料。

在病程中，应注意清理胃肠，维持心脏机能，防止病情恶化。

十七、尿结石

尿结石（石淋）是在肾盂、输尿管、膀胱、尿道内生成或存留以碳酸钙、磷酸盐为主的盐类结晶，使羊排尿困难，并由结石引起泌尿器官发生炎症的疾病。该病以尿道结石多见，而肾盂结石、膀胱结石较少见。其临床特征为，排尿障碍，肾区疼痛。

（一）诊断要点

1. 发病原因

根据临床见到的病例分析，该病常与以下因素有关。

一是溶解于尿液中的草酸盐、碳酸盐、尿酸盐、磷酸盐等，在凝结物周围沉积形成大小不等的结石。结石的核心可能发现上皮细胞、尿圆柱、凝血块、脓汁等有机物。

二是由尿路炎症引起尿潴留或尿闭，可促进结石形成。

三是饲料和饮水中含钙、锌盐类较多，饲喂大量的甜菜块根及精料，饲料中麸皮比例较高等，常可促使该病的发生。

四是肾炎、膀胱炎、尿道炎在引起该病的发生上不可忽视。

2. 临床症状

尿结石常因发生的部位不同而症状也有差异。尿道结石，常因结石完全或不完全阻塞尿道，引起尿闭、尿痛、尿频时，才为人们发现。病羊排尿努责，痛苦咩叫，尿中混有血液。尿道结石可致膀胱破裂。膀胱结石在不影响排尿时，不显临床症状，常在死后才被发现。肾盂结石有的生前不显临床症状，而在死后剖检时，才被发现有大量的结石。肾盂内多量较小的结石进入输尿管，使之扩张，可使羊发生可见病症状。尿液显微镜检查，可见有脓细胞、肾盂上皮、沙粒或血液。当尿闭时，常可发生尿毒症。

该病可借助尿液镜检加以确诊。对尿液减少或尿闭，或有肾炎、膀胱炎、尿道炎病史的羊，不应忽视可能发生尿结石。

（二）防治

1. 预防

注意对病羊尿道、膀胱、肾脏炎症的治疗。控制谷物、次粉、甜菜块根的饲喂量。饮水要清洁。

2. 治疗

治疗一般无效果。种羊患尿道结石时可施行尿道切开术，摘出结石。由于肾盂和膀胱结石可因小块结石随尿液落入尿道而形成尿道阻塞，因此，在施行肾盂及膀胱结石摘出术时，对预后要慎重。

十八、羊氢氰酸中毒

氢氰酸中毒是羊吃了富有氰苷的青饲料，在胃内由于酶的水解和胃液中盐酸的作用，产生游离的氢氰酸而致病。其临床特征为，发病急促，呼吸困难，伴有肌肉震颤等综合征的组织中毒性缺氧症。

（一）诊断要点

1. 发病原因

该病常因羊采食过量的胡麻苗、高粱苗、玉米苗等而突然发作。饲喂机榨胡麻饼，因含氰苷量多，也易发生中毒。当用于治疗的中药中杏仁、桃仁用量过大时，亦可致病。

2. 临床症状

该病发病迅速，多于采食含有氰苷的饲料后15~20分钟出现症状。首先表现腹痛不安，瘤胃臌气，呼吸加快，可视黏膜鲜红，口流白色泡沫状唾液；先呈现兴奋状态，很快转入沉郁状态，随之出现极度衰弱，步态不稳或倒地；严重者体温下降，后肢麻痹，肌肉痉挛，瞳孔散大；全身反射减少乃至消失，心搏动徐缓，脉细弱，呼吸浅微，直至昏迷而死亡。

（二）防治

1. 预防

禁止在含有氰苷作物的地方放牧，是预防羊氢氰酸中毒的关键。应用含有氰苷的饲料喂羊时，宜先加工调制。

2. 治疗

发病后速用亚硝酸钠0.2克，配成5%溶液，静脉注射，然后再用10%硫代硫酸钠溶液10~20毫升，静脉注射。

十九、羊有机磷中毒

有机磷中毒是由于接触、吸入或采食某种有机磷制剂所致。本病以神经过度兴奋为其特征。

（一）诊断要点

1. 发病原因

引起中毒事故多见于对农药保管和使用违反操作规程，使羊直接接触或误食农药而发病；或间接食入农药污染的牧草、饮水而致病。亦见于驱除外寄生虫时，应用有机磷过量而发生中毒。

2. 临床症状

常规毒蕈碱中毒样症状，如食欲不振，流涎呕吐，疝痛腹泻，多汗，尿失禁，瞳孔缩小，黏膜苍白，呼吸困难，肺水肿等；有的表现为烟碱中毒样症状，如肌纤维性震颤、麻痹，血压上升，脉频微，致使中枢神经系统机能紊乱，表现兴奋不安，全身抽搐，以至昏睡等。除上述症状外，还可有体温升高，水样下泻，便血也较多见。在发生呼吸困难的同时，病羊表现痛苦，眼球震颤，四肢厥冷，出汗。当呼吸肌麻痹时，导致窒息而死亡。实验室检查，胆碱酯酶活性降低。

依据症状、毒物接触史和毒物分析，并测定胆碱酯酶活性，可以确诊。

（二）防治

1. 预防

要严格农药管理制度，勿在喷洒有机磷农药的地点放牧，拌过有机磷农药的种子不得再喂羊。

2. 治疗

可用解磷定，剂量按每千克体重 15~30 毫克，溶于 5% 葡萄糖溶液 100 毫升中，静脉注射；或用硫酸阿托品 10~30 毫克，肌内注射。症状未见减轻时，仍可重复应用解磷定和硫酸阿托品。

二十、母羊流产

（一）诊断要点

1. 发病原因

流产是指母羊妊娠中断或胎儿不足月就排出子宫而死亡。母羊流产的原因极为复杂。传染性流产者，多见于布鲁氏菌病、弯杆菌病、毛滴虫病；非传染性者，可见于子宫畸形、胎盘坏死、胎膜炎和羊水增多症等；内科病，如肺炎、肾炎、有毒植物中毒、食盐中毒等；外科病，如外伤、蜂窝组织炎、败血症等。长途运输过于拥挤，水草供应不均，饲喂冰凉和发霉饲料，也可导致流产。

2. 临床症状

母羊突然发生流产者，产前一般无特征性表现。发病缓慢者，表现精神不佳，食欲停止，腹痛起卧，努责咩叫，阴户流出羊水，待胎儿排出后稍为安静。若在同一群中病因相同，则陆续出现流产，直至受害母羊流产完毕，方能稳定下来。外伤性致病，可使羊发生隐性流产，即胎儿不排出体外，溶解物排出子宫外，或形成胎骨在子宫内残留，由于受外伤程度的不同，受伤的胎儿常因胎膜出血、剥离，于数小时或数天排出。

（二）防治

1. 预防

加强饲养管理，重视传染病的防制，根据流产发生的原因，采取有效的保健措施。对于已排出了不足月胎儿或死亡胎儿的母羊，一般不需要进行特殊处理，但需加强饲养。

2. 治疗

对有流产先兆的母羊，可用黄体酮注射液 2 支（每支含 15 毫克），1 次肌内注射。

死胎滞留时，应采用引产或助产措施。胎儿死亡，子宫颈未开时，应先肌内注射雌激素（如己烯雌酚或苯甲酸雌二醇）2~3 毫克，使子宫颈开张，然后从产道拉出胎儿。母羊出现全身症状时，应对症治疗。

二十一、母羊难产

分娩过程中，有些母羊因骨盆狭窄，阴道过小，胎儿过大或母羊身体虚弱，子宫收缩无力或胎位不正等原因会造成胎儿排出困难，不能将胎儿顺利地送出产道，称为难产。

（一）诊断要点

1. 发病原因

母源性的因素主要是指母羊没有完全发育，过早进行配种，此时骨盆和产道比较狭窄，再加上胎儿体型过大，使其无法顺利产出；母羊营养比例不当，缺乏营养，运动较少，体质虚弱，年龄过老，或者感染全身性疾病，都会导致腹壁及子宫收缩减弱以及无力努责，从而造成胎儿不容易产出。另外，母羊子宫颈没有完全扩张，出现子宫迟缓（如败血症、妊娠毒血症、低血钙、早产而导致），腹部肌肉无力收缩或者过度紧张，产道用力收缩，甚至盆腔发生畸形，子宫扭转，阴户或者阴道前庭过于紧张，都能够引起难产。

胎儿的因素主要包括胎位不正，即正位异常、侧位、后位、横位等，加之羊水胞过早破裂，导致胎儿无法产出，从而发生难产。另外，胎儿存在发育性的缺陷，如四肢重复畸形或者双头畸形，躯体融合，积聚大量腹水，全身性水肿，感染血吸虫或者发生脑积水，也能够发生难产。产前胎儿发生死亡可能是由于腐败或者气肿促使胎儿体积增大，引起子宫迟缓，也使其无法产出。此外，助产人员如果不能够识别开始分娩的表现，也能够导致比较严重的后果，一般根据阴道排出某些物质和乳房膨大作为判断标准，而不能够以胎膜排出和四肢暴露为依据。

2. 临床症状

妊娠母羊主要表现出持续阵痛，起卧不安，经常拱腰、努责，频繁回头望腹，阴门发生肿胀，并有红黄色的浆液从阴门流出，有时部分胎衣会露出，有时能够看到胎儿蹄部或者头部，但经过较长时间依旧没有产出。

（二）防治

1. 预防

（1）防止母羊早配。母羊出现初次发情，身体尚未发育成熟，不能过早配种。母羊初次配种时间应选择在羊体成熟后，母羊生殖系统发育成熟后，再配种，这样才不会影响母羊的健康，而且可以产出健壮的羔羊。

（2）正确选配。应该选择体型大小相近的公、母羊品种间进行交配，防止胎儿体型发育过大，造成难产。

（3）做好妊娠期饲养管理。控制妊娠期适宜营养水平，保持合理体况，加强运动，是保障胎儿大小适宜，母子健康，母羊产力充足和产后恢复快的决定因素。因此做好妊娠期母羊科学管理，对于预防母羊难产至关重要。

2. 处置

难产母羊要及时进行助产。

（1）助产的原则。山羊难产及时发现，助产越早，效果越好。在助产前要做好剪好手指甲，做好手和手臂的清洗消毒，并戴上手套，做好保护措施，才能进行助产和难产处理。如胎位不正，就应该将胎儿轻轻地送回子宫内，进行矫正后，再拉出；如果胎膜未破，要先确保胎位和产道正常后，撕破胎膜，拉出胎儿；如果胎膜破裂时间较长，产道已干燥，就需要注入石蜡油，保持产道润滑，有利于助产和胎儿顺利产出。在羔羊头部或前、后肢露出阴门时，拉住羔羊头部或前、后肢在母羊用力努责时轻轻地向外向下拉。向外牵拉胎儿时，用力方向要与母羊努责用力方向一致，动作要缓慢，不能用力过猛或强拉硬扯，防止造成子宫膜损伤，引起感染。

（2）正确处置。

① 母羊子宫收缩力弱引起的难产，阵缩及努责力量较弱。胎膜未破时，先轻轻按摩腹壁，以刺激子宫收缩，仍不能分娩，可进行助产。如子宫口已完全开张时，用手能抓取胎儿，就用手助产取出胎儿；若手还不能够抓到胎儿时，可由前向后挤压子宫，在外力的挤压下，使胎儿进入产道，助产人员能够抓到胎儿，取出胎儿；确保在子宫颈开张、产道正常、胎位正常的情况下，可以注射缩宫素 2 毫升，用激素促进子宫收缩，而产出胎儿和排出胎衣。

② 母羊骨盆狭窄。在分娩过程中虽然产道已开张，但因骨骼发

育不良或骨骼畸形，造成胎儿不能正常通过。处理措施：在产道内灌石蜡油，采取助产，在外力的作用下，用手调整胎儿通过骨盆的姿势，头部前置时可轮流拉两个前腿，腾出空间让头部通过，也可先将胎儿扭转，使其成为侧位，然后拉出。

③ 母羊软产道狭窄。虽然子宫收缩力度正常，胎儿也无法由产道排出。处理措施：先对外阴进行清洗消毒后涂抹石蜡油，用手小心伸入产道，采取助产措施，拉出胎儿。

④ 因胎儿发育过大，造成不能正常产出。处理措施：阴道内灌入石蜡油，在胎儿前肢或颈部拴上绳子向外拉，同时，用手指扩张阴道，如还是不能拉出胎儿，可切开阴道狭窄处黏膜，取出胎儿后缝合。

⑤ 子宫颈管狭窄，造成不能正常分娩。处理措施：随时检查子宫颈扩张的程度，当子宫颈管已经稍微开张时，可用收指试行扩张，方法是先伸入手指，慢慢撑开子宫颈管，在阵缩的影响下，可使子宫颈管随之继续开张。

（3）助产后护理。

① 产道消毒。采取助产手术后，应及时对产道外阴进行消毒，配制 0.1% 的高锰酸钾溶液清洗子宫产道，并涂抹青霉素 160 万单位。肌内注射青霉素 160 万单位 + 鱼腥草注射液 5 毫升，连用 3 天。

② 保持手术部位清洁干燥。保持圈舍清洁干燥，做好定期消毒。

③ 搞好饲养管理。饲喂易消化饲草料，控制好圈舍温湿度。

④ 经常观察母羊精神状况。必要时采取对症诊疗，促进母羊康复。

二十二、羔羊假死

羔羊假死，又称羔羊窒息，羔羊产出时，呼吸弱或停止，但仍有心跳，称假死或窒息。

（一）诊断要点

1. 发病原因

（1）接产工作不对，严寒夜间分娩，无人照料，羔羊受冻太久。

（2）难产时，脐带受压迫，或羊胎在产道内停留时间长，也有因倒生，助产不及时，使脐带受到压迫，造成循环障碍。

（3）母羊有病如贫血或热性病，血内氧气不足，二氧化碳积聚多，刺激羊胎过早发生呼吸反射，以致呼吸道中吸入羊水。

2. 临床症状

羔羊横卧不动，闭眼，舌外垂，口色发紫，呼吸微弱，甚至停止；口鼻腔有黏液或羊水；听诊肺部，有湿啰音、体温下降。严重时全身松软，反射消失，仍有微弱心跳。

（二）防治

1. 预防

（1）在产羔季节，安排应严密，夜间有专人值班，及时进行接产，精心护理初生羔羊。

（2）在分娩过程中，如羊胎在产道内停留较久，应及时进行助产，拉出胎儿。

（3）如母羊有病，在分娩时，应迅速助产，以防延误而窒息。

2. 处置

（1）如果羔羊尚未完全窒息，还有微弱呼吸时，应立即提着后腿，倒吊起来，轻拍胸腹部，刺激呼吸反射，同时排出口腔、鼻腔和气管内的黏液和羊水，并用净布擦干羊体，然后将羔羊泡在温水中，使头部外露。

稍停留之后，取出羔羊，用干布片迅速擦拭身体，然后用毡片或棉布包住全身，使口张开，用软布包舌，每隔数秒钟，把舌头向外拉动一次，使其恢复呼吸动作。待羔羊复活以后，放在温暖处进行人工哺乳。

（2）若已不见呼吸，必须在除去鼻孔及口腔内的黏液及羊水之后，使羔羊卧平，用两手有节律地推压羔羊胸部两侧，必要时施行人工呼吸。同时注射尼可刹米、洛贝林或樟脑水 0.5 毫升。也可将羔羊放入 37℃左右的温水中，让头部外露，用少量温水反复洒向心脏区，然后取出，用干布擦拭全身。

（3）给脐动脉内注射 10% 氯化钙 2~3 毫升。治疗原理是：在脐血管和脐环周围的皮肤上，广泛分布着各种不同的神经末梢网，形成了特殊的反射区，所以，从这里可以引起在短时间内失去机能的呼吸中枢的兴奋。

二十三、阴道脱

阴道脱是阴道部分或全部外翻脱出于阴户之外，阴道黏膜暴露在外面，引起阴道黏膜充血、发炎，甚至形成溃疡或坏死的疾病。

（一）诊断要点

1. 发病原因

该病在羊产前产后均可发病，以产后发病的病例多见。发病原因一般主要有以下几种。

（1）营养及年龄因素。如果妊娠母羊饲养管理不良或是母羊体弱、年老，从而体质很差，会导致阴道周围的组织和韧带弛缓。饲料霉变引起的脱出，此种情况，是长期采食含霉菌饲料所引起，没有到适配年龄的小母羊也可患此病。

（2）羊妊娠后期腹压增大。此种情况一般在临产前多见。较轻的仅见阴道入口部脱出物如桃子大小，较重的表现为脱出的阴道长达 20 厘米。孕羊常出现弓背、起卧、努责现象。由于脱出的阴道表面易粘杂草、粪土等污物，致使黏膜潮红、水肿，会有少量坏死的黏膜组织，严重时还会出现病羊体温升高，瘤胃蠕动加快，甚至食欲废绝。

（3）母羊分娩时努责过强。羊阴道脱常在分娩过程中出现，主要是因为分娩或胎衣不下时，努责过强导致阴道脱出。羊产后发生子宫脱的症状明显，可见子宫全部翻出于阴门外，子宫黏膜充血、水肿、发干。

（4）助产措施不当。助产时强行拉出胎儿，使母羊阴道无法恢复原位。母羊难产时人工助产不当而引发该病也是发生阴道脱的原因。

2. 临床症状

本病症状不一，分阴道完全脱出和阴道部分脱出两种。当羊阴道完全脱出时，阴道脱出如拳头大，子宫颈仍闭锁；阴道部分脱出时，仅见阴道入口部脱出，如桃子大小，一般对羊无太大影响。当外翻的阴道部黏膜发红、水肿，甚至青紫时，就要引起足够的重视。如果病情再严重就会因摩擦致使部分阴道黏膜受损，形成溃疡，出现局部出血或结痂。重症病羊全身症状明显，体温升高到 40℃以上。

（二）防治

1. 预防

给予全价合理的日粮，严禁使用霉变饲料，注意饲料脱霉。每日上下午将羊赶到运动场适当运动。羊舍建设时地面要平整，倾斜度不要太大。

2. 处置

此类疾病在临床治疗方面办法很多，在治疗上既要照顾母羊的健康又要保全羔羊的性命。对阴道脱出较严重且体温升高的羊，可用磺胺二甲氧嘧啶 5~8 克，每天一次内服，连用 3 天，或用青霉素和链霉素肌内注射。

症状较轻者用甲硝唑溶液 200 毫升左右清洗阴道四周，脱出的阴道局部可涂擦金霉素软膏或碘甘油溶液。之后用消毒纱布捧住脱出的阴道，由脱出基部向骨盆腔内缓慢地推入，至快送完时，用拳头顶进阴道，然后用阴门固定器压迫阴道，固定牢靠为止。

习惯性脱出用缝合法，根据症状轻重，先清洗干净（用甲硝唑溶液 200~500 毫升），再用粗线对阴门四周做减张缝合，待数天后，阴道脱出症状减轻或不再脱出时拆除缝线。具体操作为选择较干净的地方，将孕羊仰卧保定，尾巴上拴一小绳固定一侧，将阴门周围的羊毛浸湿，术者手及手臂消毒，用上述消毒液清洗脱出的阴道，清除表面所粘的污物、坏死黏膜组织及脱出物。助手将母羊后腿提起，抬高后躯，减少腹腔压力，术者趁母羊未努责的间隙将脱出物还纳于骨盆腔，用手推平，让其全部恢复原状，在阴门的上 1/3 处作一纽扣缝合，术后要连续三天混合肌内注射青霉素和链霉素，精细护理 4~5 天，母羊即可康复。

在手术整复过程中要严格清洗消毒，清除所有污物。整复脱出的子宫，应恢复原位，否则会造成子宫角内翻而导致母羊不孕。手术整复固定后 7 天即可拆线。整复脱出的阴道或子宫，应在母羊不努责时进行。如努责强烈不易推入时，可肌内注射少量 2% 静松灵（主要成分为二甲苯胺噻唑），待安静后再推入。产后子宫脱出胎衣未脱落的可采用手术剥离后，再进行整复。做好术者的自身防护，术者手部应无伤口，以防止布鲁氏菌病的感染。

二十四、胎衣不下

胎衣不下是指孕羊产后 4~6 小时，胎衣仍排不下来的疾病。

（一）诊断要点

1. 发病原因

本病的发生主要是母羊妊娠后期运动不足；饲料单一、品质差，缺少矿物质、维生素、微量元素等；母羊瘦弱或过肥，胎儿过大，难产和助产过程中的错误作法都可能引起子宫收缩弛缓，收缩乏力，而发生胎衣不下。

2. 临床症状

病羊常表现弓腰努责，食欲减少或废绝，精神较差，喜卧地，体温升高，呼吸脉搏增快。胎衣久久滞留不下，可发生腐败，从阴户中流出污红色腐败恶臭的恶露，其中带有灰白色未腐败的胎衣碎片或脉管。当全部胎衣不下时，部分胎衣从阴户垂露于后肢附关节部。

（二）防治

1. 预防

（1）加强怀孕母羊的饲养管理，注意日粮中钙、磷、维生素 A

和维生素 D 的补充，产前 5 天内不要过多饲喂精料，增加光照。

（2）舍饲羊要适当增加运动，积极做好布鲁氏菌病的防治工作。

（3）注意保持圈舍和产房的清洁卫生，临产前后，对阴门及周围进行消毒；分娩时保持环境清洁和安静，分娩后让母羊舔干羔羊身上的液体，尽早让羔羊吮乳或人工挤奶，以防止和减少胎衣不下的发生。

2. 处置

（1）药物治疗。病羊分娩后不超过 24 小时的，可应用马来酸麦角新碱 0.5 毫克，1 次肌内注射；垂体后叶素注射液或催产素注射液 0.8~1.0 毫升，1 次肌内注射。

（2）手术剥离。应用药物方法已达 48~72 小时而不奏效者，应立即采用此法。宜先保定好病羊，按常规准备及消毒后，进行手术。术者一手握住阴门外的胎衣，稍向外牵拉；另一手沿胎衣表面伸入子宫，可用食指和中指夹住胎盘周围绒毛成一束，以拇指剥离开母子胎盘相互结合的周边，剥离半周后，手向手背侧翻转以扭转绒毛膜，使其从小窦中拔出，与母体胎盘分离。子宫角尖端难以剥离，常借子宫角的反射收缩而上升，再行剥离。最后用抗生素或防腐消毒药，如土霉素 2 克，溶于 100 毫升生理盐水中，注入子宫腔内；或注入 0.2% 普鲁卡因溶液 30~50 毫升。

（3）自然剥离。不借助手术剥离，而辅以防腐消毒药或抗生素，让胎膜自行排出，达到自行剥离的目的。可于子宫内投放土霉素（0.5 克）胶囊，效果较好。

为了预防本病，可用亚硒酸钠维生素 E 注射液，在妊娠期肌注 3 次，每次 0.5 毫升。

二十五、子宫炎

子宫内膜炎是指子宫内膜的化脓性和坏死性炎症，以屡配不孕，经常从阴道流出浆液性或脓性分泌物为特征。

（一）诊断要点

1. 发病原因

子宫炎是由于分娩、助产、子宫脱、阴道脱、胎衣不下、腹膜炎、胎儿死于腹中等导致细菌感染而引起的子宫黏膜炎症。

2. 临床症状

该病临床可见急性和慢性两种，按其病程中发炎的性质可分为卡他性、出血性和化脓性子宫炎。

（1）急性。病羊患病初期，食欲减少，精神欠佳，体温升高。因有疼痛反应而磨牙、呻吟。前胃弛缓，弓背、努责。时时作排尿姿势，阴户内流出污红色内容物。若体温升至 41℃以上，食欲废绝，精神高度沉郁，可视黏膜有出血点，则为败血性子宫炎。

（2）慢性。病羊病情较急性轻微，病程长，没有体温变化，食欲基本正常，唯有经常从阴道排出浆液性分泌物，正常发情，但是屡配不孕，如不及时治疗可发展为子宫坏死，继而全身状况恶化，发生败血症或脓毒败血症。有时可继发腹膜炎、肺炎、膀胱炎、乳房炎等。

（二）防治

1. 预防

此病一般常发生于流产前后，由于畜主不注意，很难及时采取防治措施，或发现而治疗不彻底，而转成慢性炎症，致使母羊多次发情而屡配不孕或不发情。母羊产前产后要加强营养，保证体能，以增强抗病能力，同时搞好围产期圈舍卫生，做好通风消毒工作，把致病因素降至最低。

2. 治疗

（1）用 2% 来苏儿 300 毫升灌注子宫内，24 小时后用 0.1% 雷佛奴尔 1 000 毫升灌注子宫，3 小时后皮下注射垂体后叶素 10~30 单位。

（2）青霉素 240 万单位溶于 5% 糖盐水 200 毫升中，1 次静脉注射，每天 1 次，连用 3 天。

（3）当归 30 克、赤芍 20 克、蒲公英 50 克、地骨皮 30 克，煎汁灌服，每天1次，连服3天。

二十六、乳房炎

乳房炎是乳腺、乳池、乳头局部的炎症，多见于泌乳期的绵羊、山羊。

（一）诊断要点

1. 发病原因

多因挤乳人员技术不熟练，损伤了乳头、乳腺体；或因挤乳人员手臂不卫生，使乳房受到细菌感染；或羔羊吮乳咬伤乳头。亦见于结核病、口蹄疫、子宫炎、羊痘、脓毒败血症等过程中。

2. 临床症状

轻者不显临床症状，病羊全身无反应，仅乳汁有变化。一般多为急性乳房炎，乳房局部肿胀、硬结，乳量减少，乳汁变性，其中混有血液、脓汁等，乳汁有絮状物，褐色或淡红色。炎症延续，病羊体温升高，可达41℃。挤乳或羔羊吃乳时，母羊抗拒、躲闪。若炎症转为慢性，则病程延长。由于乳房硬结，常丧失泌乳机能。脓性乳房炎可形成脓腔，使脓体与乳腺相通，若穿透皮肤可形成瘘管。山羊可患坏疽性乳房炎，为地方流行性急性炎症，多发生于产羔后4~6周。剖检可见乳腺肿大，较硬。

（二）防治

1. 预防

注意挤乳卫生，扫除圈舍污物，在绵羊产羔季节应经常注意检查母羊乳房。为使乳房保持清洁，可用0.1%新洁尔灭溶液经常擦洗乳头及其周围。

2. 治疗

病初可用青霉素40万单位、0.5%普鲁卡因5毫升，溶解后用乳房导管注入乳孔内，然后轻揉乳房腺体部，使药液分布于乳房腺中。也可应用青霉素、普鲁卡因溶液在乳房基部封闭或应用磺胺类药物抗菌消炎。为了促进炎性渗出物吸收和消散，除在炎症初期冷敷外，

2~3 天后可施热敷，用 10% 硫酸镁水溶液 1 000 毫升，加热至 45℃，每日外洗热敷 1~2 次，连用 4 次。

对脓性乳房炎及开口于乳池深部的脓肿，直接向乳房脓腔内注入 0.02% 呋喃西林溶液，或用 0.1%~0.25% 雷佛奴尔液，或用 3% 过氧化氢溶液，或用 0.1% 高锰酸钾溶液冲洗消毒脓腔，引流排脓。必要时应用四环素族药物静脉注射，以消炎和增强机体抗病能力。

二十七、创　伤

（一）诊断要点

1. 发病原因

外科创伤是羊体局部受到外力作用而引起的软组织开放性损伤，如擦伤、刺伤、切伤、裂伤、咬伤以及因手术而造成的创伤等。创伤过程中如有大量细菌侵入，则可发生感染，出现化脓性炎症。

2. 临床症状

创伤的主要症状是出血、疼痛、肿胀、创口裂开和功能障碍。

（1）新鲜创。伤后的时间较短，创内尚有血液流出或存有血凝块、创内各种组织的轮廓仍能识别，绝大多数为污染创，创面附有尘土、泥沙、被毛及其他污物。创口裂开和疼痛的程度、出血量的多少，取决于创伤的部位，组织的性状，神经血管的分布，致伤物体的性质、速度和受伤的程度而不同。山羊的凝血功能较强，微血管、小血管出血常能自行止血，大血管断裂，实质脏器损伤，常能引起大出血，如不及时抢救，可能发生出血性休克，甚至死亡。

（2）化脓感染创。创伤经过的时间较长，创内各种组织的轮廓不易识别，出现明显的感染症状，创围黏附有脓汁，从创口不断排出渗出液或脓汁。创伤过大，感染严重，排液不畅，则会发生创伤中毒或全身化脓感染，而出现全身症状。

（二）防治

1. 预防

加强饲养管理，消除可能会引起创伤的一切因素，用电设施应该放在羊的放牧区以外且位置要高。

2. 治疗

（1）新鲜创的治疗。

① 创伤止血。根据创伤发生部位、种类和出血情况，应先进行止血。

② 清洁创围。用灭菌纱布块放在创腔内，然后从创缘开始向外周剪毛 5~10 厘米，剪毛时防止被毛或泥土落入创内，剪毛后用肥皂水或 3% 来苏儿溶液，洗净创围，注意勿使刷拭液流入创内，而后用酒精棉球彻底清拭创围皮肤，最后用 5% 碘酊消毒。

③ 清理创腔。先除去纱布块，用镊子除去可见的被毛、异物、凝血块及挫灭组织碎块。另外，根据创伤性质和损坏程度，在局部麻醉下，进行修整创缘，切除创缘挫灭的皮肤和皮下组织，扩大创口，消除创囊，除去深部挫灭组织等。最后选用生理盐水，0.1% 雷佛奴尔溶液、0.1% 高锰酸钾溶液、0.25% 盐酸普鲁卡因溶液加入青霉素每毫升含 500~1 000 单位，或新洁尔灭（1∶2 000）或高渗硫酸镁（钠）溶液，反复冲洗，清除创内异物。最后用灭菌纱布轻轻吸干创内积液。

④ 创伤用药。清创以后，创面可撒布氨苯磺胺粉或青霉素粉或碘仿磺胺粉等。

⑤ 创面整理。有可能第一期愈合的，可进行缝合。对污染严重，创缘不清楚，而达不到第一期愈合时，除撒布上述粉剂外，也可撒布三合粉（高锰酸钾、氯化锌、卤碱粉等各粉），或用高锰酸钾粉研磨，也可撒布中药生肌散等，行开放疗法。

⑥ 包扎。应根据创伤的具体情况，合理应用绷带包扎。

常见的新鲜创伤有撕裂创、刺伤、急性出血、电击伤等。其处置方法如下。

① 撕裂创。撕裂创或称裂创，是由钩、钉等物的钝性牵引所造成的。

创形不整齐，组织发生撕裂或剥离，创缘呈现不正的锯齿状，创腔深浅不一，创壁和创底凹凸不平，存在有创囊和组织碎片，创口很大，出血很少，羊只剧烈疼痛。

首先用灭菌纱布遮盖创面，剪除创围被毛。用冷生理盐水或消毒液洗涂创围和创面，用镊子除去创面上的毛发和凝血块，并用70%的酒精棉球擦拭干净。创面撒以青霉素粉或1∶9碘仿磺胺粉；创围涂以凡士林，盖上脱脂棉或纱布。对严重的撕裂创，在清洗、消毒之后，应修正创缘、创壁，撒以抗菌药粉进行缝合。在炎热季节应给创伤外部施用驱蝇防腐剂，以防止发生蝇蛆病。

② 刺伤。刺伤一般由尖钉，尖桩或其他尖锐的东西刺入皮肤和肌肉间形成的。创口小，创道狭而长，常伴发深部组织内出血，或形成血肿。当致伤异物在创内折断而存留时，易形成化脓性窦道，或引起厌氧感染。

深部刺伤非常危险，绝不可因为看到只是一个小孔而认为无关大局，随使对表面清洗擦干而了结，因为这种伤口给细菌的侵入开了方便之门，最危险的是容易继发破伤风。应该在拔除异物之后，给伤口内注入0.1%的高锰酸钾或3%的过氧化氢进行彻底消毒，然后给创道内灌注5%的碘酊或抗生素液。

③ 急性出血。多发生于意外的刺伤、绊伤、砸伤、车祸等，山羊常由于跳越带刺篱笆和冲击而引起。可发现羊的体表有血液污染现象。严重者脉搏细弱，呼吸浅表。可视黏膜苍白，血压和体温下降。

迅速查明出血部位，采取局部和全身止血措施，以防止发生出血性休克。止血之后，根据具体情况采取相应处理。

处理的难易与出血部位有关。如果发生在四肢，比较容易处理，应用止血带即可。如果出血严重，为了防止失血过多，应采用填塞止血法。止血带应用时间不能太长，应每隔15分钟左右放松1次再缠扎。如已止血，应进行消毒，撒上磺胺粉，并施用绷带。其他部位出血时，止血比较困难，原则是用清洁棉枕直接压迫止血。如果严重可采取缝合措施，对小伤可用药棉填塞。

④ 电击。电击又称电休克，是由于羊接触高压电流所引起，多

发生于意外情况下，绵羊和山羊都有可能发生。一般都发生严重烧伤甚至休克，多数迅速死亡。个别情况下羊失去知觉，体表有烧焦的痕迹，经一定时间后恢复知觉，但留有神经后遗症。

在接触电击羊只之前必须先切断电源。对幸存的羊应进行心脏按压刺激并采用供氧疗法。给予利尿剂和支气管扩张剂但禁用强心剂。对羊体保温。为此应多铺垫草并盖以麻袋或毛毯。

（2）化脓创的治疗。

① 清洁创围。同新鲜创。

② 冲洗创腔。用药液反复冲洗创腔，彻底洗去脓汁。当有尘土严重污染创伤时，以及有厌氧菌、绿脓杆菌、大肠杆菌感染可能时，宜选用酸性药物，如 0.1%~0.2% 高锰酸钾溶液，2%~4% 硼酸溶液或 2% 乳酸溶液等。其次也要注意脓汁的色泽或涂片检查，决定细菌感染的种类，以便选择药物，控制细菌的发育繁殖。此外使用高渗硫酸镁（钠）、高渗盐水冲洗也可，并能加速创伤净化。

③ 防腐药物的使用。防腐剂的选用，要根据创伤炎性净化阶段、脓汁性质的不同，而选用药物。创伤酸性反应时，宜选用碱性药物，如生理盐水、高渗盐水、2% 碳酸氢钠溶液、1：（2 000~10 000）新洁尔灭溶液及 0.01%~0.02% 呋喃西林溶液等，其次 0.1% 雷佛奴尔溶液也经常使用。

④ 处理创腔。冲洗排脓后，清除创内异物、坏死组织及创囊，为创内脓汁顺利地向外排出创造有利条件。如排脓不畅，可在低位作辅助切口排脓，最后再次用防腐剂冲洗创腔。

⑤ 引流。冲洗干净后，根据创腔情况，而用适合创腔大小的纱布浸透药液［如硫呋液、20% 硫酸镁（钠）溶液、10% 食盐水、硫甘碘合剂、0.1% 雷佛奴尔溶液等］，纱布一头用大镊子夹起，另一头用针将纱布条导入创腔内，使其平整全面地塞在创腔内，注意不要塞的过紧，一头留在创口下边。

⑥ 固定引流物。为防止引流物掉落，可用缝线将两侧创缘临时缝上 1~2 针，固定引流物。一般不包扎，行开放疗法。

（3）肉芽创的治疗。

① 清洁创围。同前。

② 清洁创面。由于化脓性炎症逐渐停止，创内生长新鲜红色肉芽组织，因此清洁创面时要保护肉芽组织不受损伤。使用无刺激性的或弱防腐液浸湿棉球轻轻拭去，除去肉芽面上多量的脓性分泌物，不能粗暴冲洗。常用药物有：生理盐水、0.1% 雷佛奴尔溶液，0.1% 高锰酸钾溶液、0.01%~0.02% 呋喃西林溶液，硫甘碘合剂等。

③ 应用药物。应选择刺激性小，促进肉芽组织生长的药物调制成流膏、油性乳、乳剂或软膏使用。也可应用松碘油膏、磺胺鱼肝油、2%~3% 鱼肝油红汞或甘油红汞、青霉素鱼肝油、5%~10% 敌百虫软膏等涂布，以后可应用磺胺软膏、青霉素软膏、金霉素软膏等。

当肉芽组织充满腔内并接近创缘时，为了促进创缘上皮新生，可应用氧化锌水杨酸软膏、氢氟酸软膏、氧化锌软膏等，也可于创面上涂布龙胆紫液、撒撒布剂等。

对赘生肉芽组织小的，可用硝酸银或硫酸铜腐蚀；赘生组织较大的，可用高锰酸钾粉末研磨，使之形成痂皮。

二十八、腐蹄病

羊腐蹄病是一种导致羊只蹄部感染、腐烂的一种疾病，一般出现在春秋季节，羊腐蹄病是由坏死杆菌侵入羊蹄缝内，造成蹄质变软、烂伤，流出脓性分泌物。导致病羊患处组织坏死，如果不及时有效的治疗，还会出现死亡。

（一）诊断要点

1. 发病原因

在炎热多雨的夏季，圈舍内潮湿泥泞；圈舍羊只密度较大，未及时清理粪便而圈舍内潮湿泥泞；日粮中钙、磷不平衡时引起的羊蹄部角质疏松；饲养管理不善，羊蹄被尖石、铁钉和玻璃碴等刺伤蹄部。

2. 临床症状

患病的牛、羊表现蹄底角质湿润松软，裂缝剥离，腐败分解，有灰色腐败性恶臭渗出液；蹄间溃烂，有恶臭分泌物，扩创后，在蹄底的小孔洞中有黑臭水流出，趾间也可找到溃疡面，覆盖着恶臭的坏死物，有的蹄间有不良肉芽增生；蹄底角质部呈黑色，叩诊蹄部出现痛感；也有由于角质溶解，蹄真皮过度增生，肉芽突出于蹄底；球节感染发炎时，球节肿胀、疼痛；病牛喜爬卧，甚至卧地不起，站立时患肢负重不实或各肢交替负重，或患蹄不敢着地，行走呈严重跛行；严重时蹄冠皮肤充血、红肿，痛感明显，体温升高，食欲减退，逐渐消瘦。

（二）防治

1. 预防

（1）在饲料中补喂矿物质，特别要注意补充钙、磷等矿物质成分。

（2）做好夏季防雨措施，并及时清除厩舍中的粪便，烂草、污水等，保持环境干燥、清洁。

（3）合理分群，圈舍中密度不能太高，要有充足的活动环境、区域。

（4）放牧的羊群，应在厩舍门前放置用 10%~20% 硫酸铜液浸泡过的草袋，或在厩舍前设置消毒池，池中放入 10%~20% 硫酸铜溶液，使羊每天出入时洗涤消毒蹄部 2~4 次。

2. 治疗

首先进行病羊隔离，然后根据疾病发展情况，采取适当治疗措施。

（1）若脓肿部分未破，应切开排脓，除去患部坏死组织，到出现干净创面时，用食醋、4% 醋酸、1% 高锰酸钾、3% 来苏儿或双氧水冲洗，再用 10% 硫酸铜或 6% 福尔马林进行浴蹄。

（2）用浸透了 2% 的福尔马林酒精液纱布塞入蹄叉腐烂处，用药用纱布包扎 24 小时解除包扎。每日用 10% 龙胆紫或松馏油涂抹患部。

（3）对于严重的病羊，如有继发性感染时，在局部用药的同时，配合全身用磺胺类或抗生素类药物，其中以注射磺胺嘧啶效果较好。

（4）中药治疗，可选用桃花散或龙骨散撒布患处。桃花散：陈石灰500克，大黄250克。先将大黄放入锅内，加水一碗，煮沸10分钟，再加入陈石灰，搅匀炒干，除去大黄，其余研为细面撒用。有生肌、散血、消肿、定痛之效。龙骨散：龙骨30克，枯矾30克，乳香24克，乌贼骨15克，共研为细末撒用，有止痛、去毒、生肌之效。

二十九、羊传染性结膜角膜炎

羊传染性结膜角膜炎又称红眼病，是由多种病原引起的羊眼结膜、角膜发炎的一种传染病。其特征是传染快，眼明显发炎，大量流泪，严重时发生角膜混浊甚至溃疡、失明。

（一）诊断要点

1. 发病情况

本病常发于温度较高、蚊蝇较多的夏秋高温季节和空气流通不畅、氨气浓度较高的环境。本病广泛分布于世界各地，属常见多发病，虽不会致死性传染，但大量病羊视觉障碍，对养羊业有一定经济损失。

牛、羊、骆驼等均能感染发病。不同年龄和性别的羊易感性均较强，甚至出生数日的羔羊也能出现典型症状。因为本病的病原可能有宿主专一性，牛和羊之间一般不能交互感染。

患病羊和带菌羊是主要传染源，病原体存在于眼结膜以及分泌物中，在感染动物的眼、鼻分泌物，呼吸道黏膜中可存在数月。

本病的传播途径还不十分清楚，主要是直接或密切接触传染，蝇类和一些飞蛾也能机械地传播本病。

本病的季节性不强，一年四季都有流行，但春、秋发病较多，一旦发病，1周之内可迅速波及全群，甚至呈流行性或地方流行性。刮风、尘土、厩舍狭小和空气污浊等因素有利于本病的发生和传播。

2. 临床症状与病理变化

本病潜伏期 3~7 天。患羊一般无全身症状，少见发热。病初羊患眼羞明、流泪，眼睑肿胀、疼痛，稍后角膜凸起，血管充血，结膜和瞬膜红肿，或在角膜上生成白色或灰色小点。严重者角膜增厚，形成角膜瘢痕及角膜翳，甚至发生溃疡。有时发生眼前房积脓或角膜破裂、晶体脱落。多数病例病初为一侧眼发病，后双眼发病。本病病程一般为 20~30 天。当眼球化脓时，患羊体温可能升高，其食欲减退，精神沉郁，产乳量下降。多数病例可痊愈，但往往发生角膜云翳、角膜白斑甚至失明。放牧时病羊由于双目失明而觅食困难，其行动不便，并有滚坡摔伤、摔死情况出现。合并有衣原体感染的，有时可见关节炎、跛行等症状，患羊瞬膜和结膜上形成直径 1~10 毫米的淋巴样滤泡。

可见结膜水肿、充血、出血。角膜增厚，或凹陷或隆起，呈白斑状或白色浑浊。有时可见角膜瘢痕、角膜翳或溃疡。有的眼球组织受到侵害，眼前房积脓或角膜破裂、晶体脱落，形成永久性失明。结膜固有层纤维组织明显充血、水肿和有炎性细胞浸润，纤维组织疏松，呈海绵状，上皮变性、坏死或不同程度脱落。角膜有明显炎症和组织变性。结膜组织含多量淋巴细胞，上皮样细胞之间有中性白细胞。角膜的组织变化表现为上皮增生，固有层弥漫性变性，有些病例的固有层胶原纤维增生和纤维化。应注意羊传染性角膜结膜炎与维生素 A 缺乏症的区别。维生素 A 缺乏症主要发生于冬、春季节或舍饲羊，患羊多出现夜盲症及消化不良等症状。

（二）防治

1. 预防

（1）加强引种管理。在引种购羊时一定要加强检疫，引进后进行隔离观察，并给羊饮水或饲料中加入电解多维、清瘟败毒散等药物，经过 21~35 天的隔离观察确定羊没有问题的情况下再并入大群。

（2）加强饲养管理。羊舍内的粪污应及时进行清理干净，并定期进行消毒，开窗加强通风换气，以降低羊舍内的湿度及氨气、二氧化碳等有毒有害气体，不仅夏秋高温高湿季节需要注意通风换气，冬季同样应注意通风换气。同时羊群还应避免强烈阳光刺激，防止强风、扬尘的侵袭，夏秋季节注意灭蝇灭虫。

2. 治疗

首先应隔离病羊，以防扩大传染。其次应将病羊放在黑暗处，避免光线刺激，使羊得到足够的休息，以加速其恢复。此病在羊群中的流行是偶发现象，常常是经过一次大流行之后，多少年并不发生，因此菌苗接种的时间很难掌握。而且一旦羊群中发现此病，其传染非常迅速，当时亦无法依靠菌苗接种来预防扩大传染。

用2%~5%的硼酸水或淡盐水或0.01%呋喃西林洗眼，擦干后可选用红霉素、氯霉素、四环素、2%黄降汞或2%可的松等眼膏点眼。也可用青霉素或氯霉素加地塞米松2毫升、0.1%肾上腺素1毫升混合点眼2~3次/天。出现角膜混浊或白内障的，可滴入拨云散；或青霉素50万单位加病羊全血10毫升，眼睑皮下注射；或50万单位链霉素溶液5毫升眶上孔注射，2天1次。

无论使用哪种方法治疗，都要连续使用，直到角膜透亮为止。只要治疗及时，绝大多数病羊可以在1~2周内康复。如果不及时治疗，有可能引起角膜溃疡，甚至造成永久失明。

三十、中　暑

（一）诊断要点

1. 发病原因

夏季环境温度高、湿度大，羊体不易散热，体内积热过多，导致中暑。

2. 临床症状

病羊精神萎靡不振，头部发热、出汗，步态不稳，四肢发抖，心跳亢进，呼吸困难，鼻孔扩张，体温升高到40~42℃，黏膜充血，眼结膜变蓝紫色，瞳孔最初扩大，后来收缩，全身震颤，昏倒在地，如抢救不及时，可在几小时内死亡。

（二）防治

1. 预防

做好防暑工作，中午应避开阳光直射，羊舍内保持通风、凉爽，最好的办法是羊舍周围植树造荫。舍内防潮、防闷、防挤，适当补盐，增加饮水和青绿饲料。

2. 治疗

迅速将病羊移到阴凉通风处，用凉水浇头或用凉水灌肠散热，也可驱赶病羊至水中；静脉放血 100~200 毫升，然后用糖盐水 500~1 000 毫升静注。必要时可内服清凉性健胃药，如龙胆、大黄、薄荷水等。

常见羊寄生虫病的防治

一、羊肝片形吸虫病

羊肝片形吸虫病是羊的主要寄生虫病之一，是由肝片吸虫和大片吸虫寄生于羊的肝脏胆管所致。本病能引起急性或慢性肝炎和胆管炎，并伴发全身性中毒现象和营养障碍。

（一）诊断要点

1. 病原及生活史

肝片吸虫虫体外观呈扁平叶状，体长 20~35 毫米，宽 5~13 毫米。自胆管内取出的鲜活虫体为棕红色，固定后呈灰白色。大片吸虫成虫呈长叶状，长 33~76 毫米，宽 5~12 毫米。大片吸虫与肝片吸虫的区别在于，虫体前端无显著的头雄突起，肩部不明显。

肝片吸虫的成虫寄生于羊及其他宿主的胆管内。产出的虫卵随胆汁进入消化道，并与粪便一同排出体外。虫卵在适宜的温度（15~30℃）和充足的氧气、水分及光照条件下，经 10~25 天孵化出毛蚴，毛蚴在水中游动，通常只能生存 1~2 昼夜，其生活期间如遇中间宿主各种椎实螺，则侵入螺体内，经过胞蚴、母雷蚴、子雷蚴各阶段发育，最后形成大量的尾蚴自螺体逸出。尾蚴附着于水生植物上或在水面上形成囊蚴，羊等终末宿主在吃草或饮水时吞食囊蚴即遭受感染，并移行到胆管寄生。

大片吸虫的生活史与肝片吸虫相似。

2. 临床症状

该病的症状表现因感染强度（有约 50 条虫会出现明显症状）、病程长短、家畜的抵抗力、年龄及饲养条件不同而异，幼畜轻度感染即可表现症状。

急性型症状多发生于夏末秋初，是因短时间内遭受严重感染所致。慢性型症状较多见于患羊耐过急性期或轻度感染后，在冬春转为慢性。急性型病羊，初期发热，衰弱，易疲劳，离群落后；叩诊肝区半浊音区扩大，发病明显；很快出现贫血、黏膜苍白，红细胞及血红素显著降低，严重者多在几天内死亡。

慢性型病羊，主要表现消瘦，贫血，黏膜苍白，食欲不振，异嗜，被毛粗乱无光泽，极易脱落，步行缓慢；眼睑、颌下、胸前及腹下出现水肿，尤以颌下水肿明显，俗称“水布袋”。便秘与下痢交替，发生病情逐渐恶化，最终可因极度衰竭而死亡。

3. 剖检变化

剖检时，病理变化主要呈现在肝脏，其变化程度与感染虫体的数量及病程长短有关。

在大量感染、急性死亡的病例中，可见到急性肝炎和大出血后的贫血现象，肝肿大，包膜有纤维沉积，有 2~5 毫米长的暗红色虫道，虫道内有凝固的血液和少量幼虫。腹腔中有血红色的液体，有腹膜炎病变。

慢性病例主要呈现慢性增生性肝炎，在肝组织被破坏的部位出现淡白色索状瘢痕，肝实质萎缩，退色，变硬，边缘钝圆，小叶间结缔组织增生。胆管肥厚、扩张呈绳索样突出于肝表面；胆管内有磷酸钙和磷酸镁等盐类的沉积使内膜粗糙，刀切时有沙沙声；胆管内有虫体和污浊稠厚的液体。病畜出现消瘦、贫血和水肿现象；胸腹腔及心包内蓄积有透明的液体。

4. 确诊需要进行粪便虫卵检查

虫卵检查以水洗沉淀法较好。寄生虫虫卵的比重比水大，可自然沉于水底。因此可利用自然沉淀的方法，将虫卵集中于水底便于检查。

检查的步骤是：取样（10~50 克）—置于容器内—先加少量的清水—搅拌成糊状—再加水（20~30 倍）—搅拌均匀—过滤（40~60 目）—将制备好的粪液置于容器内—加满水—静置（20~30 分钟）—倒去上清液（约 2/3）—再加水—搅拌—静置（随着粪液逐渐变稀，静置的时间可以相对缩短，但不能少于 5 分钟）—反复操作至液体透明为止—倒去上清液，留下少量的水—吸取沉淀物镜检（所取的沉渣不能太浓，否则在镜检时视野模糊）。

镜检时，可发现羊肝片吸虫卵。羊肝片吸虫卵呈长椭圆形，金黄色，致密且充满卵黄细胞，一端有卵盖，可区别于其他吸虫虫卵。

（二）防治

1. 预防

（1）防止健羊吞入囊蚴。不要把羊舍建在低湿地区，不在有肝片形吸虫的潮湿牧场上放牧，不让羊饮用池塘、沼泽、水潭及沟渠里的脏水和死水，在潮湿牧场上割草时，必须割高一些。否则，应将割回的牧草贮藏 6 个月以上饲用。

（2）进行定期驱虫。驱虫是预防本病的重要方法之一，应有计划地进行全群性驱虫，一般是每年进行一次，可在秋末冬初进行；对染病羊群，每年应进行 3 次。第一次在大量虫体成熟之前 20~30 天 (成虫期前驱虫)，第二次在第一次的 5 个月 (成虫期驱虫)，第三次在第二次以后 2~2.5 个月。不论在什么时候发现羊患本病，都要及时进行驱虫。

（3）避免粪便散布虫卵。对病羊的粪便应经常用堆肥发酵的方法进行处理，杀死其中的虫卵。对实行驱虫的羊只，必须圈留 5~7 天，不让乱跑，对这一时期所排的粪便更应严格进行消毒。对于被屠宰羊的肠内容物也要认真进行处理。

（4）防止羊的肝脏散布病原体。对检查出严重感染的肝脏，应全部废弃；对感染轻微的肝脏，应该废弃被感染的部分。将废弃的肝脏进行高温处理，禁止用作其他动物的饲料。

（5）消灭中间宿主（螺蛳）。灭螺时要特别注意小水沟、小水洼及小河的岸边等处。对于沼泽地和低洼的牧地进行排水，利用阳光暴晒杀死螺蛳。对于较小而不能排水的死水地，可用 1∶50 000 的硫酸铜溶液定期喷洒，以杀死螺蛳，至少用 5 000 毫升溶液 / 米^2，每年喷洒 1~2 次。也可用 2.5∶1 000 000 的氯硝柳胺（血防 67、灭绦灵）浸杀或喷杀椎实螺。

2. 治疗

驱除肝片形吸虫的药物，常用的有下列几种。

（1）丙硫咪唑（抗蠕敏），为广谱驱虫药，对驱除肝片形吸虫的成虫有疗效，剂量按每千克体重 5~15 毫克，口服。

（2）硝氯酚（拜耳 9015），驱成虫有高效，剂量按每千克体重 4~5 毫克，口服。

（3）五氯柳胺（氯羟柳苯胺），驱成虫有高效，剂量按每千克体重 7.5 毫克，口服。

（4）碘醚柳胺，驱成虫和 6~12 周的未成熟童虫都有效，剂量按每千克体重 15 毫克，口服。

（5）双酰胺氧醚，对 1~6 周龄肝片吸虫幼虫有高效，但随虫龄的增长，药效也随之降低。用于治疗急性期的病例，剂量按每千克体重 7.5 毫克，口服。

（6）硫双二氯酚（别丁），驱成虫有效，但使用后有较强的下泻作用。剂量按每千克体重 80~100 毫克，口服。

（7）四氯化碳，驱成虫效果显著，但有一定副作用。剂量按成年羊每只 2 毫升，6~12 月龄羊 1 毫升，与液状石蜡以 1∶4 的比例混合灌服；也可与等量的液状石蜡或已灭菌的植物油混合后，肌内注射。

二、羊双腔吸虫病

双腔吸虫病是由矛形双腔吸虫和中华双腔吸虫等寄生于羊肝脏的胆管和胆囊内所引起的疾病。

（一）诊断要点

1. 病原及生活史

（1）矛形双腔吸虫。虫体扁平、透明，呈棕红色，肉眼可见到内部器官；表面光滑，前端尖细，后端较钝，呈矛状；体长5~15毫米、宽1.5~2.5毫米。腹吸盘大于口吸盘。虫卵呈卵圆形或椭圆形，暗褐色，卵壳厚，两侧稍不对称；大小为（38~45）微米×（22~30）微米。虫卵一端有明显的卵盖；卵内含毛蚴。

（2）中华双腔吸虫。虫体扁平、透明，腹吸盘前方体部呈头锥样，其后两侧较宽似肩样突起；体长3.5~9.0毫米，宽2.0~3.0毫米。虫卵与矛形双腔吸虫卵相似。

双腔吸虫在发育过程中，需要两个中间宿主，第一中间宿主为多种陆地蜗牛，第二中间宿主为蚂蚁。成虫在终末宿主的胆管或胆囊内产出的虫卵随胆汁进入肠内，并随粪便排出到外界。含有毛蚴的虫卵被陆地蜗牛吞食后，在其肠内孵出，穿过肠壁到肝脏中发育，经母胞蚴、子胞蚴发育成尾蚴。尾蚴从子胞蚴的大静脉移行到蜗牛的肺部，再移行到蜗牛的呼吸腔，在此每100~400个尾蚴集中在一起形成尾蚴囊群，外被黏性物质成为黏球，黏球通过蜗牛呼吸孔排出。尾蚴黏球如被蚂蚁吞食后，在其体内形成囊蚴。羊或其他终末宿主在放牧时如吞食了含有囊蚴的蚂蚁则遭受感染，囊蚴在家畜肠道中脱囊，由十二指肠经胆道到达胆管或胆囊，需72~85天发育为成虫。

2. 临床症状与剖检变化

病羊的症状表现因感染强度不同而有所差异。轻度感染的羊，通常无明显症状；严重感染时，则表现为可视黏膜增生，颌下水肿，消化紊乱，下痢并逐渐消瘦，甚至可因极度衰竭而导致死亡。

剖检的主要病变为胆管出现卡他性炎症变化和胆管壁肥厚；胆管周围结缔组织增生；肝脏发生硬变、肿大，肝表面形成瘢痕，胆管扩张。

粪便检查时根据虫卵的形态和特征进行诊断；死后剖检时，可将肝脏撕碎，用连续洗涤法检查虫体。

（二）防治

1. 预防

与肝片吸虫病相同，应以定期驱虫为主；同时加强羊群的饲养管理，以提高其抵抗力；注意消灭中间宿主，阻断病原的传播途径及感染来源；粪便亦应进行堆肥发酵处理，以杀灭虫卵。

2. 治疗

（1）海涛林(三氯苯丙酚嗪)，该药是治疗双腔吸虫病最有效的药物，安全幅度大，对怀孕母羊及产羔均无不良影响；剂量按每千克体重 40~50 毫克，配成 2% 悬浮液，经口灌服。

（2）丙硫咪唑，剂量按每千克体重 30~40 毫克，口服。

（3）六氯对二甲苯（血防 846），剂量按每千克体重 200~300 毫克，口服。

（4）噻苯唑，剂量按每千克体重 150~200 毫克，口服。

（5）吡喹酮，剂量按每千克体重 65~80 毫克，口服。

三、阔盘吸虫病

阔盘吸虫病是由阔盘属的数种吸虫寄生于宿主的胰管中所引起的疾病，亦称胰吸虫病。此外，病原偶可寄生于胆管和十二指肠。

（一）诊断要点

1. 病原及生活史

寄生于牛、羊等反刍动物的阔盘吸虫主要有胰阔盘吸虫、腔阔盘吸虫和枝睾阔盘吸虫，其中以胰阔盘吸虫最为常见。

（1）胰阔盘吸虫。虫体扁平、较厚，呈棕红色。虫体长 8~16 毫米，宽 5.0~5.8 毫米，呈长卵圆形。口吸盘大于腹吸盘。咽小，食道短。虫卵呈黄棕色或深褐色，椭圆形，两侧稍不对称，一端有卵盖，大小为（42~53）微米 ×（23~38）微米。卵壳厚，内含毛蚴。

（2）腔阔盘吸虫。虫体较为短小，呈短椭圆形，体后端有一明显的尾突，虫体长 7.48~8.05 毫米，宽 2.73~4.76 毫米。虫卵大小为（34~47）微米 ×（26~36）微米。

（3）枝睾阔盘吸虫。虫体是前尖后钝的瓜子形，长 4.49~7.90 毫米，宽 2.17~3.07 毫米。口吸盘略小于腹吸盘，睾丸大而分枝，卵巢分叶 5~6 瓣。虫卵大小为（45~52）微米 ×（30~34）微米。

阔盘吸虫的发育须经虫卵、毛蚴、母胞蚴、子胞蚴、尾蚴、囊蚴及成虫各个阶段。寄生在胰管中的成虫产出的虫卵随胰液进入消化道，再随粪排出。虫卵在外界被第一中间宿主陆地蜗牛吞食后，在体内孵出毛蚴并依序发育为母胞蚴、子胞蚴和尾蚴，包裹着尾蚴的成熟子胞蚴经呼吸孔排出到外界。从蜗牛吞食虫卵子排出成熟的子胞蚴，在温暖季节需 5~6 个月，夏季以后感染蜗牛的则大约经过 1 年才能发育成熟。成熟的子胞蚴被第二个中间宿主草螽或针蟀吞食后，经 23~30 天尾蚴发育为囊蚴。羊等终末宿主吃草时吞食了含有囊蚴的草螽或针蟀而感染，经 80~100 天发育为成虫。从虫卵到成虫，全部发育过程需要 10~16 个月才能完成。

2. 临床症状

阔盘吸虫大量寄生时，由于虫体刺激和毒素作用，使胰管发生慢性增生性炎症，使胰管管腔窄小甚至闭塞，使消化酶的产生和分泌及糖代谢机能失调，引起消化及营养障碍。病羊表现消化不良，消瘦，贫血，颌下及胸前水肿，衰弱，经常下痢，粪中常有黏液，严重时可引起死亡。

3. 剖检变化

尸体消瘦，胰腺肿大，胰管因高度扩张呈黑色蚯蚓状突出于胰脏表面。胰管发炎肥厚，管腔黏膜不平，呈乳头状小结节突起，并有点状出血，内含大量虫体。慢性感染则使结缔组织增生而导致整个胰脏硬化、萎缩，胰管内仍有数量不等的虫体寄生。

（二）防治

1. 预防

本病流行地区应在每年初冬和早春各进行 1 次预防性驱虫；有条件的地区可实行划区放牧，以避免感染；应注意消灭其第一中间宿主蜗牛（其第二中间宿主草螽在牧场广泛存在，扑灭甚为困难）；同时加强饲养管理，以增加羊的抗病能力。

2. 治疗

可选用六氯对二甲苯，按每千克体重400毫克，口服3次，每次间隔两天；吡喹酮口服时，剂量按每千克体重65~80毫克；肌内注射或腹腔注射时，剂量按每千克体重50毫克，并以液状石蜡或植物油（灭菌）制成20%油剂。腹腔注射时应防止注入肝脏或肾脂肪囊内。

四、前后盘吸虫病

前后盘吸虫病是由前后盘科的各属吸虫寄生所引起的疾病。成虫寄生在羊、牛等反刍动物的瘤胃和网胃壁上，危害不大。幼虫因在发育过程中移行于真胃、小肠、胆管和胆囊，可造成较严重的病害，甚至导致死亡。

（一）诊断要点

1. 病原及生活史

前后盘吸虫种属很多，虫体大小互有差异，有的仅长数毫米，有的则长达20余毫米；颜色可呈深红色、褐红色或乳白色；虫体在形态结构上亦有不同程度的差异。其主要的共同特征为：虫体形状呈长椭圆形、梨形或圆锥形；两个吸盘中，腹吸盘位于虫体后端，并显著大于口吸盘，因口、腹吸盘位于虫体两端，好似两个口，所以又称为双口吸虫。

前后盘吸虫的发育与肝片吸虫很相似，只需1个中间宿主，其中间宿主为淡水螺。前后盘吸虫的成虫在反刍动物瘤胃产卵，卵随粪一起排出体外，在适宜的温度条件下（26~30℃），经12~13天孵出毛蚴，进入水中，找到适宜的中间宿主即钻入其体内，发育形成胞蚴、雷蚴、子雷蚴及尾蚴，尾蚴成熟后离开中间宿主，附着在水草上形成囊蚴。羊等终末宿主吞食了附有囊蚴的水草而感染。童虫在小肠、真胃及其黏膜下组织、胆管、胆囊、大肠、腹腔液甚至肾盂中移行寄生3~8周，最终到达瘤胃内发育为成虫。

2. 临床症状

患羊主要症状是顽固性腹泻，粪便常有腥臭味；体温有时升高；消瘦，贫血，颌下水肿，黏膜苍白。后期可因极度衰竭而死亡。

3. 剖检变化

剖检可见童虫移行造成的小肠、真胃黏膜水肿，形成出血点及发生出血性肠炎，严重时肠黏膜出现坏死和纤维素性炎症；肠内充满腥臭的稀粪；盲肠、结肠淋巴滤泡肿胀、坏死，有的形成溃疡；胆管、胆囊膨胀；在小肠、真胃及胆管和胆囊内可见数量不等的童虫。当成虫寄生时，其造成的损害轻微。

（二）防治

1. 预防

可参照片形吸虫病，并根据当地的具体情况和条件，制定以定期驱虫为主的预防措施。

2. 治疗

可选用氯硝柳胺（灭绦灵），对驱除童虫疗效良好，剂量按每千克体重 75~80 毫克，口服；硫双二氯酚，驱成虫疗效显著，驱童虫亦有较好的效果，剂量按每千克体重 80~100 毫克，口服；溴羟替苯胺（羟溴柳胺），驱成虫、童虫均有较好的疗效，剂量按每千克体重 65 毫克，制成悬浮液，灌服。

五、血吸虫病

羊的血吸虫病是由分体科，分体属和鸟毕属的吸虫寄生在门静脉、肠系膜静脉和盆腔静脉内，引起贫血、消瘦与营养障碍等疾患的一种蠕虫病。

（一）诊断要点

1. 病原及生活史

（1）分体属。该属在我国仅有日本分体吸虫一种。虫体呈细长线状。雄虫乳白色，体长 10~20 毫米，宽 0.50~0.97 毫米。口吸盘在体前端；腹吸盘较大，具有粗而短的柄，位于口吸盘后方不远处。

（2）鸟毕属。鸟毕属中较重要的虫种有土耳其斯坦鸟毕吸虫、彭氏鸟毕吸虫、程氏鸟毕吸虫和土耳其斯坦结节变种。

土耳其斯坦鸟毕吸虫虫体呈线状。雄虫乳白色，体表平滑无结节；体长 42~80 毫米，宽 0.36~0.42 毫米；口、腹吸盘均不发达；腹吸盘后体壁向腹面卷曲形成抱雌沟（雌雄虫体通常也呈合抱状态）；雌虫呈暗褐色，体长 3.4~8.0 毫米，宽 0.07~0.12 毫米，虫卵无卵盖，长 72~77 微米，宽 18~26 微米。卵的两端各有 1 个附属物，一端的比较尖，另一端的钝圆。

日本分体吸虫与鸟毕吸虫的发育过程人体相似，包括虫卵、毛蚴、母胞蚴、子胞蚴、尾蚴、童虫及成虫等阶段。其不同之处是：日本分体吸虫的中间宿主为钉螺，而鸟毕吸虫为多种椎实螺。此外，它们在宿主范围、各个幼虫阶段的形态及发育所需时间等方面也有所区别。其发育过程如下。

雌虫在寄生的静脉末梢产卵，产出的虫卵一部分随血流到达肝脏，一部分沉积在肠黏膜下层的静脉末梢。肠壁上的虫卵在血管内成熟后，虫卵内毛蚴分泌的溶细胞物质使虫卵周围肠组织发炎、坏死、破溃，虫卵进入肠道随粪便排出体外，并在外界水中孵出毛蚴。毛蚴遇中间宿主钉螺或椎实螺即迅速钻入螺体内，经母胞蚴、子胞蚴和尾蚴阶段的发育后，尾蚴离开螺体入水中。羊等终末宿主饮水或放牧时，尾蚴即钻入羊皮肤或通过口腔黏膜进入体内，体内的虫体亦可通过胎盘感染胎儿。在终末宿主体内的童虫又侵入小血管或淋巴管，随血流到达其寄生部位发育为成虫。

2. 临床症状

日本分体吸虫大量感染时，病羊表现为腹泻和下痢，粪中带有黏液、血液，体温升高，黏膜苍白，日渐消瘦，生长发育受阻；可导致不孕或流产。通常绵羊和山羊感染日本分体吸虫时症状表现较轻。感染鸟毕吸虫的羊多呈慢性过程，主要表现为颌下、腹下水肿，贫血，黄疸，消瘦，发育障碍及影响受胎，发生流产等，如饲养管理不善，最终可导致死亡。

3. 剖检变化

剖检可见尸体明显消瘦、贫血和出现大量腹水；肠系膜、大网膜，甚至胃肠壁浆膜层出现显著的胶样浸润；肠黏膜有出血点、坏死灶、溃疡、肥厚或斑痕组织；肠系膜淋巴结及脾变性、坏死；肠系膜静脉内有成虫寄生；肝脏病初肿大，后则萎缩、硬化；在肝脏和肠道处有数量不等的灰白色虫卵结节；心、肾、胰、脾、胃等器官有时也可发现虫卵结节的存在。

（二）防治

1. 预防

在 4、5 月份和 10、11 月份定期驱虫，病羊要淘汰。结合水土改造工程或用灭螺药物杀灭中间宿主，阻断血吸虫的发育途径。疫区内粪便进行堆肥发酵和制造沼气，既可增加肥效，又可杀灭虫卵。选择无螺水源，实行专塘用水，以杜绝尾蚴的感染。

2. 治疗

治疗可选用硝硫氰胺，按每千克体重 4 毫克，配成 2%~3% 水悬液，颈静脉注射；吡喹酮，按每千克体重 30~50 毫克，1 次口服；敌百虫，绵羊按每千克体重 70~100 毫克，山羊按每千克体重 50~70 毫克，灌服；六氯对二甲苯，按每千克体重 200~300 毫克，灌服。

六、脑多头蚴病

脑多头蚴病（脑包虫病）是由于多头绦虫的幼虫——多头蚴寄生在绵羊、山羊的脑、脊髓内，引起脑炎、脑膜炎及一系列神经症状，甚至死亡的严重寄生虫病。

（一）诊断要点

1. 病原及生活史

（1）多头蚴。呈囊泡状，囊体可由豌豆大至鸡蛋大，囊内充满透明液体，在囊的内壁上有 100~250 个原头蚴，原头蚴直径 2~3 毫米。

（2）多头蚴虫。虫体长 40~100 厘米，由 200~500 个节片组成。头节有 4 个吸盘，顶突上有 22~32 个小钩，分作两圈排列。卵为圆形，直径一般为 20~37 微米。

成虫多头蚴虫寄生于犬、狼、狐、豺等肉食兽的小肠内，发育成熟后，其孕节片脱落，随粪便排出体外，释放出大量虫卵，污染草场、饲料或饮水，当这些虫卵被中间宿主羊、牛等吞食后，误食的虫卵在其消化道中孵出六钩蚴，六钩蚴钻入肠黏膜血管内随血流到达脑和脊髓，经 2~3 个月发育为脑多头蚴。如六钩蚴被血流带到身体其他部位则不能继续发育，并迅速死亡。多头蚴在羔羊脑内发育较快，一般在感染两周时能发育至粟粒大，6 周后囊体直径可达 2~3 厘米，经 8~13 周发育到 35 厘米，并具有发育成熟的原头蚴。囊体经 7~8 个月后停止发育，其直径可达 5 厘米左右。

终末宿主犬、狼、狐等肉食兽吞食了含有多头蚴的动物脑、脊髓，多头蚴在其消化液的作用下，囊壁溶解，原头蚴附着在小肠壁上开始发育，经 41~73 天发育为成虫。

2. 临床症状

该病呈急性型或慢性型，症状表现取决于寄生部位和病原体的大小。

（1）急性型。以羔羊表现最为明显。感染之初，由于六钩蚴进入脑组织，虫体在脑膜和脑组织中移行，刺激和损伤造成脑部炎症，使体温升高，脉搏、呼吸加快，甚至有强烈的兴奋，患病羊作回旋运动，前冲或后退，有痉挛性抽搐等。有时沉郁，长时间躺卧，脱离畜群。部分病羊在 5~7 天内因急性脑膜炎死亡，不死者则转为慢性型。

（2）慢性型。患羊耐过急性期后，症状表现逐渐消失，经 2~6 个月的和缓期。由于多头蚴不断发育长大，再次出现明显症状。当多头蚴寄生在羊大脑半球时，除向被虫体压迫的同侧作转圈运动外，还常造成对侧的视力障碍，甚至失明。虫体寄生在大脑正前部时，常见羊头下垂向前作直线运动，碰到障碍物时则头抵物体呆立不动。多头蚴在大脑后部寄生时，主要表现为头高举或作后退运动，甚至倒地不起，并常有强直性痉挛出现。虫体寄生在小脑时，病羊站立或运动常失去平衡，身体共济失调，易跌倒，对外界干扰和音响易惊恐。多头蚴寄生在脊髓时，表现步伐不稳，进而引起后肢麻痹；当膀胱括约肌发生麻痹时，则出现小便失禁。此外，患羊还表现食欲减退，甚至消失；由于不能正常采食和休息，体重逐渐减轻，显著消瘦、衰弱，常在数次发作后或陷于恶病质时死亡。

3. 剖检变化

急性死亡的羊见有脑膜炎和脑炎病变，还可见到六钩蚴在脑膜中移行时留下的弯曲伤痕。慢性期的病例则可在脑或脊髓的不同部位发现一个或数个大小不等的囊状多头蚴；在病变或虫体相接的颅骨处，骨质松软、变薄，甚至穿孔，致使皮肤向表面隆起；病灶周围脑组织或较远部位发炎，有时可见萎缩变性或钙化的多头蚴。

（二）防治

1. 预防

防止犬等肉食兽吃到带有多头蚴的脑和脊髓；对患畜的脑和脊髓应烧毁或深埋；对护羊犬应进行定期驱虫；注意消灭野犬、狼、狐、豺等终末宿主，以防病原进一步散布。

2. 治疗

该病可实施手术摘除寄生在脑髓表层的虫体，即在多头蚴充分发育后，根据囊体所在的部位，手术开口后先用注射器吸去囊中液体，使虫体缩小，然后完整地摘除虫体。药物治疗可用吡喹酮，病羊按每千克体重每日 50 毫克，连用 5 日；或按每千克体重每日 70 毫克，连用 3 日。

七、棘球蚴病

棘球蚴病亦称包虫病，是由数种棘球绦虫的幼虫——棘球蚴寄生于绵羊、山羊、牛、马、猪、骆驼及人的肝、肺等脏器组织中所引起的一种严重的人兽共患寄生虫病。成虫以肉食兽为终末宿主，寄生于犬、狼、豺、狐、狮、虎、豹等动物的小肠内。

（一）诊断要点

1. 病原及生活史

羊的棘球蚴病主要由细粒棘球蚴虫的幼虫——细粒棘球蚴所致。

成虫细粒棘球蚴寄生于犬、狼、狐等肉食兽小肠内，1 只犬感染虫体的数量甚至可达数千条之多，其孕卵节片或虫卵随粪便排出体外。当羊、牛等中间宿主食入被孕卵节片或虫卵所污染的饲草、饲料或饮水后，虫卵内的六钩蚴在其消化道内孵出并钻入肠壁血管内，随血流到达肝脏停留下来发育为棘球蚴；六钩蚴亦可继续随血液到达肺脏或身体的其他部位发育成为棘球蚴，在中间宿主体内棘球蚴的生长可持续数年之久。终末宿主肉食兽吞食了含有棘球蚴包囊的内脏及组织后，其包囊内的原头蚴在小肠内逸出，固着于肠壁上，逐渐发育为成虫。

2. 临床症状

轻度感染和感染初期通常无明显症状；严重感染的羊被毛逆立，时常脱毛，营养不良，消瘦。肺部感染时有明显的咳嗽，咳后往往卧地，不愿起立。

3. 剖检变化

剖检病变主要见于虫体经常寄生的肝脏和肺脏。可见肝、肺表面凹凸不平，重量增大，有数量不等的棘球蚴囊泡突起，肝、肺实质中存在有数量不等、大小不一的棘球蚴包囊，囊内含有大量液体，除不育囊外，囊液沉淀后，即可见大量的包囊液。有的棘球蚴发生钙化和化脓。此外，在脾、肾、脑、脊椎管、肌肉及皮下偶可见有棘球蚴寄生。

（二）防治

1. 预防

由于犬类动物是本病的末端宿主和主要传染源，因此对患棘球蚴病畜的脏器一律进行深埋或烧毁，以防被犬类吃入成为传染源；做好饲料、饮水及圈舍的清洁卫生工作，防止被犬粪污染。应用氢溴酸槟榔碱给犬驱虫时，剂量按每千克体重 1~4 毫克，停食 12~18 小时后，口服。也可选用吡喹酮，剂量按每千克体重 5~10 毫克，口服。服药后，犬应拴留一昼夜，收集所排出的粪便并与垫草等一同烧毁或深埋处理，以防病原扩散传播。

2. 治疗

目前尚无有效药物治疗。

八、细颈囊尾蚴病

细颈囊尾蚴病是由泡状带绦虫的幼虫——细颈囊尾蚴寄生于绵羊、山羊、黄牛、猪等多种家畜的肝脏浆膜、网膜及肠系膜所引起的一种绦虫疾病。

（一）诊断要点

1. 病原及生活史

细颈囊尾蚴俗称“水铃铛”，多悬垂于腹腔脏器上。虫体呈泡囊状，内含透明液体。囊体大小不一，最大可至小儿头大。泡状带绦虫虫体长 75~500 厘米，链体由 250~300 个节片组成。虫卵近似圆形，长 36~39 微米，宽 31~35 微米，内含六钩蚴。

成虫泡状带绦虫寄生于犬、狼、狐等肉食兽的小肠内，发育成熟后孕节或虫卵随粪便排出体外，污染草场、饲料或饮水。当中间宿主羊、牛等误食了孕节或虫卵后，在消化道内孵化出六钩蚴，钻入肠壁血管，随血流到达肝脏，并由肝实质内逐渐移行到肝脏表面寄生，或进入腹腔内寄生于大网膜、肠系膜及腹腔的其他部位，甚至可进入胸腔寄生于肺脏。幼虫生长发育 3 个月左右具有感染能力。

终末宿主肉食动物如吞食了含有细颈囊尾蚴的脏器后，在小肠内经过 52~78 天发育为成虫。

细颈囊尾蚴病生前诊断非常困难，诊断时须参照其症状表现，并在尸体剖检时发现虫体（即“水铃铛”）及相应病变才能确诊。

2. 临床症状

通常成年羊症状表现不显著，羔羊则症状表现明显。当肝脏及腹膜在六钩蚴的作用下发生炎症时，可出现体温升高，精神沉郁，腹水增加，腹壁有压痛，甚至发生死亡。经过上述急性发作后则转为慢性病程，一般表现为消瘦、衰弱和黄疸等症状。

3. 剖检变化

慢性病例可见肝脏浆膜、肠系膜、网膜上具有数量不等、大小不一的虫体泡囊，严重时还可在肺和胸腔处发现虫体。急性病程时，可见急性肝炎及腹膜炎，肝脏肿大，表面有出血点，肝实质中有虫体移行的虫道，有时出现腹水并混有渗出的血液，病变部有尚在移行发育中的幼虫。

（二）防治

1. 预防

含有细颈囊尾蚴的脏器应进行无害化处理，未经煮熟严禁喂犬；在该病的流行地区应及时给犬进行驱虫；注意捕杀野犬、狼、狐等肉食兽；做好羊饲料、饮水及圈舍的清洁卫生工作，防止被犬粪污染。

2. 治疗

目前尚无有效方法。

九、反刍兽绦虫病

反刍兽绦虫病是由莫尼茨绦虫、曲子宫绦虫及无卵黄腺绦虫寄生于绵羊、山羊和牛的小肠所引起。

（一）诊断要点

1. 病原及生活史

（1）莫尼茨绦虫。莫尼茨绦虫虫体呈带状。由头节、颈节及锥体部组成，全长可达 6 米，最宽处 16~26 毫米，呈乳白色。头节上有 4 个近于椭圆形的吸盘，无顶突和小钩。

（2）曲子宫绦虫。虫体可长达 2 米，宽约 12 毫米。每个节片有 1 组生殖器官，虫卵近于圆形。

（3）无卵黄腺绦虫。是反刍兽绦虫中较小的一类，虫体长 2~3 米，宽仅为 3 毫米左右。由于虫节片中央的子宫相互靠近，肉眼观察能明显地看到虫体后部中央贯穿着一条白色的线状物。

莫尼茨绦虫、曲子宫绦虫及无卵黄腺绦虫的中间宿主均为地螨。

寄生于羊、牛小肠的绦虫成虫，它们的孕卵节片或虫卵随粪便排出后，如被地螨吞食，则虫卵内的六钩蚴在地螨体内发育为似囊尾蚴。当终末宿主羊、牛等反刍动物在采食时连同牧草一起吞食了含有似囊尾蚴的地螨后，似囊尾蚴在反刍动物消化道逸出，附着在肠壁上逐渐发育为成虫。

2. 临床症状

患羊症状表现的轻重通常与感染虫体的强度及体质、年龄等因素密切相关。一般可表现为食欲减退，出现贫血与水肿。羔羊腹泻时，粪中混有虫体节片，有时还可见虫体的一段吊在肛门处。被毛粗乱无光，喜躺卧，起立困难，体重迅速减轻。若虫体阻塞肠管时，则出现肠膨胀和腹痛表现，甚至因肠破裂而死亡。有时病羊亦可出现转圈、肌肉痉挛或头向后仰等神经症状。后期，患畜仰头倒地，经常作咀嚼运动、四周有泡沫，对外界反应几乎丧失，直至全身衰竭而死。

3. 剖检变化

剖检死羊可在小肠中发现数量不等的虫体；其寄生处有卡他性炎症，有时可见肠壁扩张，肠套叠乃至肠破裂；肠系膜、肠黏膜、肾脏、脾脏甚至肝脏发生增生性变性过程；肠黏膜、心内膜和心包膜有明显的出血点；脑内可见出血性浸润和出血；腹腔和颅腔贮有渗出液。

（二）防治

1. 预防

在虫体成熟前，即羊放牧后30天内进行第一次驱虫，再经10~15天后进行第二次驱虫，此法不仅可驱除寄生的幼虫，还可防止牧场或外界环境遭受污染。有条件的地区可实行科学轮牧。尽可能避免雨后、清晨和黄昏放牧，以减少羊吃进中间宿主地螨的机会。结合牧场改良，进行深耕，种植优良牧草或农牧轮作，不仅能大量减少地螨还可提高牧草质量。

2. 治疗

可选用下列药物。

（1）丙硫咪唑，剂量按每千克体重 5~20 毫克，做成 1% 的水悬液，口服。

（2）氯硝柳胺，剂量按每千克体重 100 毫克，配成 10% 水悬液，口服。

（3）硫双二氯酚，剂量按每千克体重 75~100 毫克，包在菜叶里口服，亦可灌服。

（4）砷制剂，包括砷酸亚锡、砷酸铅及砷酸钙，各药剂量均按羔羊每只 0.5 克，成年羊每只 1 克，装入胶囊口服。

（5）硫酸铜，使用时，可将其配制成 1% 水溶液。为了使硫酸铜充分溶解，可在配制时每 1 000 毫升溶液中加入 1~4 毫升盐酸。配制的溶液应贮存于玻璃或木质的容器内。其治疗剂量为：1~6 月龄的绵羊 15~45 毫升；7 月龄至成年羊 50~100 毫升；成年山羊不超过 60 毫升。可用长颈细口玻璃瓶灌服。

（6）仙鹤草根芽粉，绵羊每只用量 30 克，1 次口服。

十、羊消化道线虫病

寄生于羊消化道的线虫种类很多，各种消化道线虫往往混合感染，对羊群造成不同程度的危害，是每年春乏季节造成羊死亡的重要原因之一。

（一）诊断要点

1. 病原及生活史

（1）捻转血矛线虫。寄生于真胃，偶见于小肠。在真胃中属大型线虫。虫体线状，呈粉红色。雄虫长 15~19 毫米，其交合伞的背肋偏于左侧，呈倒“Y”字形。雌虫长 27~30 毫米，由于红色的消化管和白色的生殖管相互缠绕，形成红白相间的外观，俗称“麻花虫”。

（2）奥斯特线虫。寄生于真胃。虫体呈棕色，亦称棕色胃虫，长 4~14 毫米。

（3）马歇尔线虫。寄生于真胃，似棕色胃虫，但虫体较大。

（4）毛圆线虫。寄生于小肠，偶可寄生于真胃和胰脏。虫体小、长 5~6 毫米，呈淡红色或褐色。

（5）细颈线虫。寄生于小肠或真胃，为小肠内中等大小的虫体。

（6）古柏线虫。寄生于小肠、胰脏，偶见于真胃。虫体呈红色或淡黄色，大小与毛圆线虫相似。

（7）仰口线虫。寄生于小肠。虫体较粗大，前端弯向背面，故有钩虫之称。

（8）食道口线虫。寄生于大肠。虫体较大，呈乳白色。

（9）夏伯特线虫。亦称阔口线虫，寄生于大肠。虫体大小近似食道口线虫。

（10）毛首线虫。寄生于盲肠。整个虫体形似鞭子，亦称鞭虫。虫体较大，呈乳白色

2. 生活史

羊的各种消化道线虫均系上源性发育，即在它们的发育过程中不需要中间宿主的参加，家畜感染是由于吞食了被虫卵所污染的饲草、饲料及饮水所致，幼虫在外界的发育难以制约，从而造成了几乎所有羊只不同程度感染发病的状况。

上述各种线虫的虫卵随粪便排出体外，在外界适宜的条件下，绝大部分种类线虫的虫卵首先孵化出第一期幼虫，经过两次蜕化后发育成具有感染宿主能力的第三期幼虫。但毛首线虫的感染性幼虫是在虫卵内发育而成，并不孵化出来，在外界仅以感染性虫卵的形式存在。羊在吃草或饮水时如食入了线虫的感染性幼虫或感染性虫卵即被感染。仰口线虫的感染性幼虫除能经口感染外，还能直接钻入皮肤发生感染。病原进入羊体内后通常在它们各自的特定寄生部位再经两次蜕化，发育成为第五期幼虫，并逐渐发育为成虫。食道口线虫的感染性幼虫则需钻入大结肠和小结肠的固有膜深处形成包囊（结节），幼虫在包囊内发育成第五期幼虫后才自结节中返回肠腔发育为成虫。

3. 临床症状

病羊感染各种消化道线虫的主要症状表现为，消化紊乱，胃肠道发炎，腹泻，消瘦，眼结膜苍白，贫血。严重病例下颌间隙水肿，羊

体发育受阻。少数病例体温升高，呼吸、脉搏频数、心音减弱，最终病羊可因身体极度衰竭而死亡。

4. 剖检变化

剖检可见消化道各部有数量不等的相应线虫寄生。尸体消瘦，贫血，内脏显著苍白，胸、腹腔内有淡黄色渗出液，大网膜、肠系膜胶样浸润，肝、脾出现不同程度的萎缩、变性，真胃黏膜水肿，有时可见虫咬的痕迹和针尖大到粟粒大的小结节，小肠和盲肠黏膜有卡他性炎症，大肠可见到黄色小点状的结节或化脓性结节以及肠壁上遗留下的一些瘢痕性斑点。当大肠上的虫卵结节向腹膜面破溃时，可引发腹膜炎和泛发性粘连；向肠腔内破溃时，则可引起溃疡性和化脓性肠炎。

（二）防治

1. 预防

应在晚秋转入舍饲后和春季放牧前各进行 1 次计划性驱虫，因地区不同，选择驱虫的时间和次数可根据具体情况确定。羊应饮用干净的流水或井水，尽可能避免吃露水草和在低湿处放牧，以减少感染机会；粪便可进行堆肥发酵，以杀死虫卵；加强饲养管理，提高羊的抗病能力。

2. 治疗

可选择下列药物。

（1）丙硫咪唑，剂量按每千克体重 5~20 毫克，口服。

（2）左旋咪唑，剂量按每千克体重 5~10 毫克，混饲喂或作皮下、肌内注射。

（3）硫化二苯胺，剂量按每千克体重 600 毫克，用面汤做成悬浮液，灌服。

（4）噻苯唑，剂量按每千克体重 50 毫克，口服。该药对毛首线虫效果较差。

（5）精制敌百虫，剂量按绵羊每千克体重 80~100 毫克，山羊每千克体重 50~70 毫克，口服。

（6）甲苯唑，剂量按每千克体重 10~15 毫克，口服。

（7）硫酸铜，用蒸馏水配成 1% 溶液，剂量按大羊 100 毫升、中羊 80 毫升，小羊 50 毫升，山羊用量不得超过 60 毫升，灌服。

十一、肺线虫病

羊肺线虫病是由网尾科和原圆科的线虫寄生在气管、支气管、细支气管乃至肺实质，引起的以支气管炎和肺炎为主要症状的疾病。肺线虫病在我国分布广泛，是羊常见的蠕虫病之一。

（一）诊断要点

1. 病原及生活史

（1）大型肺线虫。该虫系大型白色虫体，肠管呈黑色，穿行于体内，口囊小而浅。

（2）小型肺线虫。小型肺线虫种类繁多，其中缪勒属和原圆属线虫分布最广，危害也较大。该类线虫虫体纤细，长 12~28 毫米，多见于细支气管和肺泡内。

大型肺线虫与小型肺线虫的发育有所不同，即网尾科线虫发育过程无中间宿主参加，属土源性发育；而小型肺线虫在发育时需要中间宿主的参加，属生物源性发育。

各种肺线虫的虫卵在呼吸道产出后，上行至咽部，利用宿主咳嗽时，经咽部进入消化道，在此过程中孵化出第一期幼虫，第一期幼虫又随粪便排出体外。大型肺线虫的第一期幼虫在外界适宜条件下，约经 1 周发育为感染性幼虫；小型肺线虫的第一期幼虫则需钻入中间宿主（多种陆螺或蛞蝓）体内发育为感染性幼虫。存在于外界草场、饲料或饮水中和中间宿主体内的大、小型肺线虫的感染性幼虫被终末宿主羊吞食后，幼虫进入肠系膜淋巴结，经淋巴液循环到达右心，又随血流到达肺脏，虫体在此过程中经第四、第五两期幼虫的发育，最终在肺部各自的寄生部位发育为成虫。

2. 临床症状

羊群遭受感染时，首先个别羊干咳，继而成群咳嗽，运动时和夜间咳嗽更为显著，此时呼吸声明显粗重，如拉风箱。在频繁而痛苦的咳嗽时，常咳出含有成虫、幼虫及虫卵的黏液团块。咳嗽时伴发啰音和呼吸急迫，鼻孔中排出黏稠分泌物，干涸后形成鼻痂，从而使呼吸更加困难。病羊常打喷嚏，逐渐消瘦、贫血，头、胸及四肢水肿，被毛粗乱。通常羔羊发病症状严重，死亡率也高；成年羊感染或羔羊轻度感染时，症状表现较轻。单独感染小型肺线虫时，病情亦比较轻缓，只是在病情加剧或接近死亡时，才明显表现为呼吸困难，出现干咳或暴发性咳嗽。

3. 剖检变化

剖检病变主要表现在肺部，可见有不同程度的肺膨胀和肺气肿，肺表面隆起，呈灰白色，触摸时有坚硬感；支气管中有黏性或脓性混有血丝的分泌团块；气管、支气管及细支气管内可发现数量不等的大、小肺线虫。

（二）防治

1. 预防

该病流行区内，每年应对羊群进行1~2次普遍驱虫，并及时对病羊进行治疗。驱虫治疗期应注意收集粪便进行生物热处理；羔羊与成年羊应分群放牧，并饮用流动水或井水；有条件的地区可实行轮牧，避免在低温沼泽地区放牧；冬季羊群应予适当补饲，补饲期间每隔1日可在饲料中加入硫化二苯胺，按成年羊每只1克、羔羊每只0.5克计，让羊自由采食，能大大减少病原的感染。对小型肺线虫病，亦应注意消灭其中间宿主。

2. 治疗

可选用下列药物。

（1）丙硫咪唑，剂量按每千克体重5~15毫克，口服，对各种肺线虫均有良效。

（2）苯硫咪唑，剂量按每千克体重5毫克，口服。

（3）左旋咪唑，剂量按每千克体重7.5~12毫克，口服。

（4）氰乙酸肼，剂量按每千克体重17毫克，口服；或每千克体重 15 毫克，皮下或肌内注射。该药对缪勒线虫无效。

（5）枸橼酸乙胺嗪（海群生），剂量按每千克体重 200 毫克，内服；该药适合对感染早期幼虫的治疗。

十二、螨 病

羊螨病是由疥螨和痒螨寄生在体表而引起的慢性寄生性皮肤病。具有高度传染性，往往在短期内可引起羊群严重感染，危害十分严重。

（一）诊断要点

1. 病原及生活史

（1）疥螨。疥螨寄生于皮肤角化层下，并不断在皮内挖凿隧道，虫体即在隧道内不断发育和繁殖。疥螨的成虫形态特征为：虫体小，长 0.2~0.5 毫米，肉眼不易看见；体呈圆形，浅黄色，体表生有大量小刺。

（2）痒螨。寄生在皮肤表面。虫体呈长圆形，较大，长 0.5~0.9 毫米，肉眼可见。

疥螨与痒螨的全部发育过程都在宿主体上度过，包括虫卵、幼虫、若虫和成虫 4 个阶段，其中雄螨有 1 个若虫期，雌螨有两个若虫期。疥螨的发育是在羊的表皮内不断挖凿隧道，并在隧道中不断繁殖和发育，完成一个发育周期需 8~22 天。痒螨在皮肤表面进行繁殖和发育，完成一个发育周期需 10~12 天。本病的传播是由于健畜与患畜直接接触，或通过被螨及其卵所污染的厩舍、用具的间接接触引起感染。

2. 临床症状

该病主要发生于冬季和秋末、春初。发病时，疥螨病一般始发于皮肤柔软且毛短的部位，如嘴唇、口角、界面、眼圈及耳根部，以后皮肤炎症逐渐向周围蔓延；痒螨病则起始于被毛稠密和温度、湿度比较恒定的皮肤部位，如绵羊多发生于背部、臀部及尾根部，以后才向体侧蔓延。

该病初发时，因虫体小刺、刚毛和分泌的毒素刺激神经末梢，引起剧痒，可见病羊不断在圈墙、栏柱等处摩擦；在阴雨天气、夜间、通风不好的圈舍以及随着病情的加重，痒觉表现更为剧烈；由于患羊的摩擦和啃咬，患部皮肤出现丘疹、结节、水疱，甚至脓疱，以后形成痂皮和龟裂。绵羊患疥螨病时，因病变主要局限于头部，病变皮肤有如干涸的石灰，故有“石灰头”之称。绵羊感染痒螨后，可见患部有大片被毛脱落。发病后，患羊因终日啃咬和摩擦患部，烦躁不安，影响了正常的采食和休息。日渐消瘦，最终不免因极度衰竭而死亡。

（二）防治

1. 预防

每年定期对羊群进行药浴，可取得预防与治疗的双重效果；加强检疫工作，对新购入的羊应隔离检查后再混群；经常保持圈舍卫生、干燥和通风良好，定期对圈舍和用具清扫和消毒；对患羊应及时治疗，可疑患羊应隔离饲养；治疗期间，应注意对饲养人员、圈舍、用具同时进行消毒，以免病原散布，不断出现重复感染。

2. 治疗

（1）注射药物疗法。可选用伊维菌素（害获灭）或与伊维菌素药理作用相似的药物，此类药物不仅对螨病，而且对其他的节肢动物疾病和大部分线虫病均有良好疗效。应用伊维菌素时，剂量按每千克体重 50~100 微克。

（2）涂药疗法。适合于病畜数量少，患部面积小的情况，可在任何季节应用，但每次涂药面积不得超过体表的 1/3。可选用的药物如下。

① 克辽林擦剂。克辽林 1 份、软肥皂 1 份、酒精 8 份，调和即成。

② 5% 敌百虫溶液。来苏儿 5 份，溶于温水 100 份中，再加入 5 份敌百虫即成。

此外，亦可应用林丹、单甲脒、双甲脒、溴氰菊酯（倍特）等药物，按说明书涂擦使用。

（3）药浴疗法。该法适用于病畜数量多且气候温暖的季节，也是预防本病的主要方法。药浴时，药液可选用0.025%~0.030%林丹乳油水溶液，0.05%蝇毒磷乳剂水溶液，0.5%~1.0%敌百虫水溶液，0.05%辛硫磷乳油水溶液，0.05%双甲脒溶液等。

（4）治疗时的注意事项。

① 为使药物有效杀灭虫体，涂擦药物时应剪去患部周围被毛，彻底清洗并除去痂皮及污物。大规模药浴最好选择山羊抓绒、绵羊剪毛后数天时进行。药液温度应按药物种类所要求的温度予以保持，药浴时间应维持1分钟左右，药浴时应注意羊头的浸泡。

② 大规模治疗时，应对选用的药物预做小群安全试验。药浴前让羊饮足水，以免误饮药液。工作人员亦应注意自身安全防护。

③ 因大部分药物对螨的虫卵无杀灭作用，治疗时可根据使用药物情况重复用药2~3次，每次间隔5天，方能杀灭新孵出的螨虫，达到彻底治愈的目的。

十三、羊鼻蝇蛆病

羊鼻蝇蛆病是由羊鼻蝇的幼虫寄生在羊的鼻腔及附近腔窦内所引起的疾病。在我国西北、东北、华北地区较为常见。羊鼻蝇主要危害绵羊，对山羊危害较轻。病羊表现为精神不安，体质消瘦，甚至发生死亡。

（一）诊断要点

1. 病原及生活史

（1）成虫。羊鼻蝇形似蜜蜂，全身密生短绒毛，体长10~12毫米；头大呈半球形、黄色。

（2）幼虫。第一期幼虫呈淡黄白色，长1毫米；第二期幼虫呈椭圆形，长20~25毫米，体表刺不明显，后气门呈弯肾形；第三期幼虫长约30毫米，背面拱起。

羊鼻蝇的发育需经幼虫、蛹及成虫3个阶段。成虫出现于每年5—9月间，雌雄交配后，雄虫很快死亡，雌虫则于有阳光的白天以急剧而突然的动作飞向羊鼻，将幼虫产在羊鼻孔内或羊鼻孔周围，雌虫在数天内产完幼虫后亦很快死亡。产出的第一期幼虫活动力很强，爬入鼻腔后以其口前钩固着于鼻黏膜上，并逐渐向鼻腔深部移行，到达额窦或鼻窦内（有些幼虫还可以进入颅腔），经两次蜕化发育为第三期幼虫。幼虫在鼻腔内寄生 9~10 个月，到翌年春天，发育成熟的第三期幼虫由鼻腔深部向浅部返回移行，当患羊打喷嚏时，将其喷出鼻孔，三期幼虫即在土壤表层或羊粪内变蛹，蛹的外表形态与三期幼虫相同。蛹经 1~2 个月羽化为成虫。成虫寿命为 2~3 周。在温暖地区羊鼻蝇 1 年可繁殖两代，在寒冷地区每年繁殖 1 代。

2. 临床症状

羊鼻蝇幼虫进入羊鼻腔、额窦及鼻窦后，在其移行过程中，由于体表小刺和口前钩损伤黏膜引起鼻炎，可见羊流出多量鼻液，鼻液初为浆液性，后为黏液性和脓性，有时混有血液；当大量鼻液干涸在鼻孔周围形成硬痂时，使羊发生呼吸困难。此外，可见病羊表现不安，打喷嚏，时常摇头，擦鼻，眼睑水肿，流泪，食欲减退，日渐消瘦。症状表现可因幼虫在鼻腔内的发育期不同而持续数月。通常感染不久呈急性表现，以后逐渐好转，到幼虫寄生的晚期，则疾病表现更为剧烈。有时，当个别幼虫进入颅腔损伤了脑膜或因鼻窦发炎而波及脑膜时可引起神经症状，病羊表现为运动失调，旋转运动。头弯向一侧或发生麻痹；最后病羊食欲废绝，因极度衰竭而死亡。

（二）防治

1. 预防

消灭羊鼻蝇蛆较困难，要有“防重于治”的观念。在气温开始升高时，消灭羊圈墙角周围、阴暗处的蛆蛹。在羊鼻蝇蛆病流行的夏季，及时更换垫料和清扫粪便，以防三期幼虫在土中或粪便中成蛹。坚持定期消毒，可选用氢氧化钠或生石灰等。在羊鼻蝇蛆排出的季节，在羊圈内撒一些石灰，促使其打喷嚏，喷出幼虫，便于消灭。

2. 治疗

治疗该病应以消灭第一期幼虫为主要措施。可根据各地的不同气候条件和羊鼻蝇的发育情况，确定防治的时间，一般在每年 11 月份进行为宜。可用精制敌百虫口服，按每千克体重 0.12 克，配成 2% 溶液，灌服；肌内注射时，取精制敌百虫 60 克，加 95% 酒精 31 毫升，在瓷容器内加热溶解后，加入 31 毫升蒸馏水，再加热至 60~65℃，待药完全溶解后，加水至总量 100 毫升，经药棉过滤后即可注射。剂量按羊体重 10~20 千克用 0.5 毫升；体重 20~30 千克用 1 毫升；体重 30~40 千克用 1.5 毫升；体重 40~50 千克用 2 毫升；体重 50 千克以上用 2.5 毫升。

十四、羊梨形虫病

羊梨形虫病是由泰勒科和巴贝斯科的各种梨形虫引起的血液原虫病。其中绵羊泰勒虫和绵羊巴贝斯虫是使绵羊和山羊致病的主要病原体；疾病由硬蜱吸血时传播。该病在我国甘肃、青海和四川等地均有发生，常造成羊大批死亡，危害严重。

（一）诊断要点

1. 病原及生活史

（1）绵羊泰勒虫。寄生在红细胞内的虫体大多数呈圆形和卵圆形，约占 80%，其次为杆状，圆点状较少。圆形虫体的直径为 0.6~2.0 微米，卵圆形虫体长约 1.6 微米。

（2）绵羊巴贝斯虫。病原寄生于红细胞内，虫体有双梨籽形、单梨籽形、椭圆形和变形虫等各种形状，其中双梨籽形占 60% 以上，其他形状虫体较少。双梨籽形虫体为（2.5~3.5）微米 ×1.5 微米，大于红细胞半径，虫体有两个染色质团块。双梨籽虫体尖端以锐角相连，位于红细胞中央。

羊梨形虫的生活史尚不十分明了，有待更加详尽的研究。资料记载，我国绵羊巴贝斯虫病的主要传播者为扇头蜱属的蜱，绵羊泰勒虫病的主要传播者为血蜱属的蜱，病原在蜱体内要经过有性的配子生殖并产生子孢子，当蜱吸血时即将病原注入羊体内。绵羊巴贝斯虫寄生于羊的红细胞内并不断进行无性繁殖；绵羊泰勒虫在羊体内首先侵入网状内皮系统细胞，在肝、脾、淋巴结和肾脏内进行裂体繁殖（石榴体），并继而进入红细胞内寄生。病原的传播者——上述种类的硬蜱吸食羊血液时，病原又进入蜱体内发育，如此周而复始，流行发病。

2. 临床症状与剖检变化

（1）泰勒虫感染。病羊主要表现：病初体温升高至 40~42℃，呈稽留热型；呼吸促迫，鼻发鼾声；心律不齐；食欲减退，便秘或腹泻；精神沉郁，四肢僵硬，喜卧地；眼结膜初为充血，继而苍白，并轻度黄染；羊体逐渐消瘦；体表淋巴结肿大，肩前淋巴结肿大尤为显著，可由核桃大至鸭蛋大，触之有痛感。

死于泰勒虫感染的羊，可见尸体消瘦，贫血；全身淋巴结不同程度的肿大，尤以肩前、肠系膜、肝、肺等处更为明显；肝脏、胆囊、脾脏显著肿大并有出血点；肾脏呈黄褐色，表面有淡黄色或灰白色结节和小出血点；真胃黏膜有溃疡斑，肠黏膜有少量出血点。

（2）巴贝斯虫感染。病羊的主要症状为，体温升高至 41~42℃，稽留数日或直至死亡；呼吸浅表，脉搏加速，精神萎靡，食欲减退乃至废绝；黏膜苍白，显著黄染；时而出现血红蛋白尿，并出现腹泻；红细胞每立方毫米减少至 200 万 ~400 万，大小不匀。

剖检死于巴贝斯虫感染的羊时，可见黏膜与皮下组织贫血、黄染；肝、脾肿大变性，有出血点；胆囊肿大 2~4 倍；心内、外膜及浆膜、黏膜亦有出血点和出血表现；肾脏充血发炎；膀胱扩张，充满红色尿液。

（二）防治

1. 预防

在本病的流行地区，应于每年发病季节对羊群进行药物预防注射；同时做好灭蜱工作，防止蜱叮咬传播疾病，对输入的羊，应经隔离检疫后再合群。

2. 治疗

（1）贝尼尔，剂量按每千克体重 7~10 毫克，以蒸馏水配成溶液，肌内注射 1~2 次。

（2）阿卡普林，剂量按每千克体重使用5%的水溶液0.02毫升，皮下或肌内注射。脉搏加快时，可将总量分3次注射，每两小时1次。必要时，24小时后可重复用药。

（3）黄色素，剂量按每千克体重3毫克，配成0.5%~1.0%水溶液，静脉注射。注射时药物不可漏出血管外。注射后数天内须避免强烈阳光照射，以免灼伤。症状未见减轻时，间隔24~48小时再注射1次。

治疗同时应辅以强心、补液等措施，加强管理，以使患羊早日治愈。

十五、弓形虫病

弓形虫病是由孢子虫纲的原生动物——龚地弓形虫所引起的一种人兽共患寄生虫病。

（一）诊断要点

1. 病原及生活史

根据弓形虫的不同发育阶段，虫体分为5型。速殖子和包囊出现在中间宿主体内，裂殖体、配子体和卵囊则只出现在终末宿主的发育阶段。

弓形体在发育过程中具有两个类型的宿主，在终末宿主猫及某些猫科动物体内进行等孢球虫相发育，在中间宿主体内进行弓形虫相发育。

猫吞食了弓形虫的包囊、假囊及已成熟的卵囊后，慢殖子、速殖子或子孢子进入消化道侵入上皮细胞，开始进行等孢球虫相的发育和繁殖。卵囊、包囊及速殖子经口或受损的皮肤、黏膜侵入中间宿主体内后，通过淋巴、血液循环进入有核细胞，在有核细胞的胞浆内主要以内出芽的方式进行繁殖，形成假囊，当宿主细胞被破坏后，释放出速殖子又进入新的有核细胞内继续繁殖。经过一定时间的繁殖后，转入神经、肌肉组织和一些脏器内形成包囊型虫体。

2. 临床症状及剖检变化

大多数成年羊呈隐性感染，主要表现为妊娠羊常于正常分娩前4~6周出现流产，其他症状不明显。流产时，大约一半的胎膜有病变，绒毛叶呈暗红色，在绒毛中间有许多直径为1~2毫米的白色坏死灶。产出的死羔皮下水肿，体腔内有过多的液体，肠内充血，脑尤其是小脑前部有广泛性非炎症性小坏死点。此外，在流产组织内可发现弓形虫。

少数病例可出现神经系统和呼吸系统症状，表现呼吸困难，咳嗽，流泪，流涎，有鼻液，走路摇摆，运动失调，视力障碍，心跳加快，体温41℃以上，呈稽留热，腹泻等。剖检可见淋巴结肿大，边缘有小结节，肺表面有散在的小出血点，胸、腹腔有积液。此时，肝、肺、脾、淋巴结涂片检查可见弓形虫速殖子。

（二）防治

1. 预防

应做好畜舍卫生工作，定期消毒；饲草、饲料和饮水严禁病畜的排泄物污染；对羊的流产胎儿及其他排泄物要进行无害化处理，流产的场地亦应严格消毒；死于本病或疑为本病的羊尸，要严格处理，以防污染环境或被猫及其他动物吞食。

2. 治疗

对急性病例可应用磺胺类药物，与抗菌增效剂联合使用效果更好，亦可考虑使用四环素族抗生素和螺旋霉素等。上述药物通常不能杀灭包囊内的慢殖子。

（1）磺胺嘧啶＋甲氧苄胺嘧啶，前者按每千克体重70毫克，后者按每千克体重14毫克，每日2次，口服，连用3~4天。

（2）磺胺甲氧吡嗪＋甲氧苄胺嘧啶，前者剂量为每千克体重30毫克，后者剂量为每千克体重10毫克，每日1次，口服。连用3~4天。

（3）磺胺–6–甲氧嘧啶，剂量按每千克体重60~100毫克；或配合甲氧苄胺嘧啶（每千克体重14毫克），每日1次，口服，连用4

次。可迅速改善临床症状，并有效地阻抑速殖子在体内形成包囊。

十六、羊脑脊髓丝虫病

脑脊髓丝虫病是由指形丝状线虫和唇乳突丝状线虫的晚期幼虫（童虫）迷路侵入山羊的脑或脊髓的硬膜下或实质中引起的疾病。病的特征是患羊后躯歪斜，行走困难，卧地不起，褥疮，食欲下降，消瘦，贫血而死亡。

（一）诊断要点

1. 病原及生活史

本病的病原体为丝状科、丝状属的指形丝状线虫和唇乳突丝状线虫幼虫。

指形丝状线虫的微丝蚴，体长 249.3~400 微米，宽 8.4~9.0 微米，体态弯曲自然，多呈“S”形、“C”形或其他弯曲形，也有扭成一结或两结的，具有头隙，一般长大于宽。

成虫于牛腹腔内产出微丝蚴（胎生），微丝蚴进入宿主的血液中，半周期性地出现于末梢血液中，中间宿主蚊类吸血时进入蚊体，经 14 天左右发育成为感染性微丝蚴（第三期幼虫），长 2 300 微米，然后集中到蚊的胸肌和口器内，当带有此类虫体的蚊吸取山羊血液时，将感染性幼虫注入非固有宿主羊体内，可经淋巴（血液）侵入脑脊髓表面，发育为童虫，长 1.5~4.5 厘米，形态结构类似成虫。在其发育过程中，引起脑脊髓丝虫病。

2. 临床症状

（1）急性型。发病急骤，神经症状明显。山羊在放牧时突然倒地不起，眼球上翻，颈部肌肉强直或痉挛或颈部歪斜，呈兴奋、骚乱、空嚼及叫鸣等神经症状。此种急性抽搐过去后，如果将羊扶起，可见四肢强直，向两侧叉开，步态不稳，如醉酒状。当颈部痉挛严重时，病羊向斜侧转圈。

（2）慢性型。此型较多见，病初患羊无力，步态踉跄，多发生于一侧后肢，也有两后肢同时发生的。此时体温、呼吸、脉搏无变化，患羊可继续正常存活，但多遗留臀部歪斜及斜尾等症状；运动时，容易跌倒，但可自行起立，继续前进，故病羊仍可随群放牧，母羊产奶量仍不降低。当病情加剧，两后肢完全麻痹，则患羊呈犬坐姿势，不能起立，但食欲精神仍正常。直至长期卧地，发生褥疮才食欲下降，逐渐消瘦，以致死亡。

3. 病理变化

本病的病理变化，是随着丝虫幼虫逐渐进入脑脊髓发育为童虫的过程中引起的寄生性、出血性、液化坏死性脑脊髓炎，并有不同程度的浆液性、纤维素性脑脊髓膜炎而展开的。病变主要是在脑脊髓的硬膜，蛛网膜有浆液性、纤维素性炎症和胶样浸润灶，以及大小不等的呈红褐色、暗红色或绛红色的出血灶，在其附近有时可发现虫体。脑脊髓实质病变明显，以白质区为多，可见由于虫体引起的大小不等的斑点状、线条状的黄褐色破坏性病灶，以及形成大小不同的空洞和液化灶，膀胱黏膜增厚，充满絮状物的尿液，若膀胱麻痹则尿盐沉着，蓄积呈泥状。组织学检查，发病部的脑脊髓呈现非化脓性炎症，神经细胞变性，血管周围出血、水肿，并形成管套状变化。在脑脊髓神经组织的虫伤性液化坏死灶内，可见有大型色素性细胞，经铁染色，证实为吞噬细胞，这是本病的一个特征性变化。

（二）防治

1.　预防

（1）在本病流行季节，对羊只以每3~4周用海群生、锑制剂或左旋咪唑的治疗剂量，普遍用药一次。

（2）搞好环境卫生是消灭蚊子最有效的预防方法。在蚊子飞翔季节常以杀蚊药物喷洒羊舍或烟熏。

（3）羊舍应建在高燥通风处，远离牛圈，应尽量防止羊与牛的接触。

2. 治疗

应在早期诊断的基础上，进行早期治疗。以免虫体侵害脑脊髓实质，造成不易恢复的虫伤性病灶。

（1）海群生，每千克体重 50 毫克，口服，隔日 1 次，2~4 次为一疗程。

（2）酒石酸锑钾，用 4% 酒石酸锑钾静脉注射，按每千克体重 8 毫克计算，注射 3~4 次，隔日 1 次。

（3）左旋咪唑，对初发病羊（5 天内的发病羊），剂量按每千克体重 8 毫克，配成 10% 的溶液皮下注射，早、晚各 1 次，疗效 100%。

十七、羊球虫病

羊球虫病是由艾美科艾美耳属的球虫寄生于羊肠道所引起的一种原虫病，发病羊只呈现下痢、消瘦、贫血、发育不良等症状，严重者导致死亡，主要危害羔羊。

（一）诊断要点

1. 病原及流行病学

羊球虫病的病原是艾美尔科艾美尔属的原虫。羊球虫具有宿主特异性，寄生于山羊和绵羊的一些球虫是形态相似的不同的种。山羊艾美尔球虫属直接发育型，不需要中间宿主，须经过无性生殖、有性生殖和孢子生殖 3 个阶段。孢子化卵囊被羊吞食后，在胃液的作用下，子孢子逸出，迅速侵入肠道上皮细胞，进行多世代的无性生殖，形成裂殖体和裂殖子。

各种品种的绵羊、山羊对球虫均有易感性，但山羊感染率高于绵羊；1 岁以下的感染率高于 1 岁以上的，成年羊一般都是带虫者。据调查，1~2 月龄春羔的粪便中，常发现大量的球虫卵囊。流行季节多为春、夏、秋三季；感染率和强度依不同球虫种类及各地的气候条件而异。冬季气温低，不利于卵囊发育，很少发生感染。

本病的传染源是病羊和带虫山羊，卵囊随山羊粪便排至外界，污染牧草、饲料、饮水、用具和环境，经消化道使健康山羊获得感染。所有品种的各种年龄的山羊对球虫均有易感性，但 1~3 月龄的羔羊发病率和死亡率较高，发病率几乎为 100%，死亡率可高达 60% 以上。成年山羊感染率也相当高，也不乏每克粪便卵囊数很高的例子，但不发病或很少发病，这可能是一种年龄免疫现象，仅为带虫者，成为病原的主要传染来源。饲料和环境的突然改变，长途运输，断乳和恶劣的天气和饲养条件差都可引起山羊的抵抗力下降，导致球虫病的突然发生。

2. 临床症状

潜伏期为 11~17 天。本病可能依感染的种类、感染强度、羊只的年龄、抵抗力及饲养管理条件等不同而发生急性或慢性过程。急性经过的病程为 2~7 天，慢性经过的病程可长达数周。病羊精神不振，食欲减退或消失，体重下降，可视黏膜苍白，腹泻，粪便中常含有大量卵囊。体温上升到 40~41℃，严重者可导致死亡，死亡率常达 10%~25%，有时可达 80% 以上。

病初山羊出现软便，粪不成形，但精神、食欲正常。3~5 天后开始下痢，粪便由粥样到水样，黄褐色或黑色，混有坏死黏液、血液及大量的球虫卵囊，食欲减退或废绝，渴欲增加。随之精神委顿，被毛粗乱，迅速消瘦，可视黏膜苍白，体温正常或稍高，急性经过 1 周左右，慢性病程长达数周，严重感染的最后衰竭而死，耐过的则长期生长发育不良。成年山羊多为隐性感染，临床上无异常表现。

3. 病理变化

呈混合感染的病羊内脏病变主要发生在肠道、肠系膜淋巴结、肝脏和胆囊等组织器官。小肠壁可见白色小点、平斑、突起斑和息肉，以及小肠壁增厚、充血、出血，局部有炎症，有大量的炎性细胞浸润，肠腺和肠绒毛上皮细胞坏死，绒毛断裂，黏膜脱落等。肠系膜淋巴结水肿，被膜下和小梁周围的淋巴窦和淋巴管的内皮细胞中有球虫的内生殖阶段的虫体寄生，局部有炎性细胞浸润，淋巴管扩张，伴有淋巴细胞和浆细胞渗出现象。肝脏可见轻度肿大、淤血，肝表面和实质有针尖大或粟粒大的黄白色斑点，胆管扩张，胆汁浓厚呈红褐色，内有大量块状物。胆囊壁水肿、增厚，整个胆囊壁有单核细胞浸润，固有层有小出血点，绒毛短粗，腺和绒毛上皮细胞有局部性坏死，有小裂殖体和配子体寄生。值得注意的是，胆汁中有球虫卵囊的病羊，多数的肝脏和胆囊无明显的病变。胆汁中卵囊数量也不一致，有的胆汁直接涂片检查即可见到，有的则要离心后检查沉淀物才可见到，因此以往病羊胆汁中可能也有卵囊，只是被人们忽视了。

（二）防治

1. 预防

较好的饲养管理条件可大大降低球虫病的发病率，圈舍应保持清洁和干燥，饮水和饲料要卫生，注意尽量减少各种应激因素。放牧的羊群应定期更换草场，由于成年羊常常是球虫病的病源，因此最好能将羔羊和成年羊分开饲养。

2. 治疗

氨丙啉和磺胺对本病有一定的治疗效果。用药后，可迅速降低卵囊排出量，减轻症状。氨丙啉，每千克体重 50 毫克，每日 1 次，连服 4 天；磺胺二甲基嘧啶或磺胺六甲氧嘧啶，每千克体重每日 100 毫克，连用 3~4 天，效果好；盐霉素，按每天每千克体重 0.33~1 毫克混饲，连喂 2~3 天。

附　录

一、羊正常生理指标

项目	绵羊 / 山羊	年龄	正常指标
体温	绵羊	1 岁以上	38.5~40.0℃
		1 岁以下	38.5~40.5℃
	山羊	1 岁以上	38.5~40.5℃
		1 岁以下	38.5~41.0℃
脉搏	绵羊	1 岁以上	70~80 次 / 分钟
		1 岁以下	80~100 次 / 分钟
	山羊	1 岁以上	70~80 次 / 分钟
		1 岁以下	80~100 次 / 分钟
呼吸	绵羊	大小一致	14~22 次 / 分钟
	山羊	大小一致	14~22 次 / 分钟
妊娠时间	绵羊	成年	150 天
	山羊	成年	150 天
血液总量占体重百分比	绵羊	成年	6.2%~8.0%
	山羊	成年	6.2%~8.0%
全血量	绵羊	成年	58 毫升 / 千克
	山羊	成年	70 毫升 / 千克
血浆量	绵羊	成年	31.5 毫升 / 千克
	山羊	成年	53.9 毫升 / 千克
血凝时间	绵羊	成年	5~8 分钟
	山羊	成年	6~11 分钟

续表

项目	绵羊 / 山羊	年龄	正常指标
血液密度	绵羊	成年	1 051 克 / 米^3
	山羊	成年	1 042.5 克 / 米^3
血液循环时间	绵羊	成年	5~8 秒
	山羊	成年	5~8 秒
红细胞数	绵羊	成年	585.5 万 ~1 164.4 万个 / 毫米^3
	山羊	成年	1 540.0 万 ~1 920.0 万个 / 毫米^3
白细胞	绵羊	成年	0 .6 万 ~12 万个 / 毫米^3
	山羊	成年	0.6 万 ~15 万个 / 毫米^3
血小板	绵羊	成年	25 万 ~75 万个 / 毫米^3
	山羊	成年	25 万 ~50 万个 / 毫米^3
血红蛋白	绵羊	成年	9% ~16%
	山羊	成年	8% ~14%
红细胞寿命	绵羊	成年	70~153 天
	山羊	成年	125 天
体内平均 pH 值	绵羊	成年	7.44
	山羊	成年	7.36
动脉血压	绵羊	成年	最高压 11 989~18 665 帕
		成年	最低压 8 533~10 132 帕
	山羊	成年	最高压 14 932~16 799 帕
		成年	最低压 10 132~13 199 帕

二、羊的繁殖生理指标

（一）性成熟

羊的性成熟多为 5~7 月龄，早的 4~5 月龄，个别早熟品种，3 个多月即发情。

（二）体成熟

母羊多为 1.5 岁左右，公羊 2 岁左右。早熟品种提前。

（三）发情周期

绵羊多为16~17天（范围为14~22天）；山羊多为19~21天（范围为18~24天）。

（四）发情持续期

绵羊多为30~36小时，山羊多为39~40小时。

（五）排卵时间

发情开始后12~30小时。

（六）卵子排出后保持受精能力的时间

保持受精能力的时间为15~24小时。

（七）精子到达母羊输卵管时间

精子到达母羊输卵管时间为5~6小时。

（八）精子在母羊生殖道存活时间

精子在母羊生殖道存活时间为多为24~48小时，最长72小时。

（九）最适宜配种时间

羊最适宜的配种时间为排卵前5小时左右（开始发情半天内）。

（十）羊的妊娠期

羊的妊娠期平均为150天，范围是145~154天。

（十一）哺乳期

羊的哺乳期通常是3.5~4个月，有时根据生产需要和羔羊生长发育快慢可以适当调整。

（十二）产后第一次发情时间

绵羊多在产后的第 25 天到第 46 天，最早在第 12 天，山羊多在产后的 10~14 天。

三、羊常用疫苗使用方法

疫苗名称	作用与用途	用法与用量	免疫期	备注
羊厌气菌五联苗	预防羊快疫、猝狙、羔痢、肠毒血症、黑疫	用 20% 生理盐水溶解，肌内注射或皮下注射 1 毫升	1 年	体况不佳者慎用
羊痘活疫苗	预防羊痘	股内侧肌内注射或尾内侧皮下注射 0.5 毫升	1 年	可作紧急接种
布鲁氏菌活疫苗	预防布鲁氏菌病	口服或肌内注射	3 年	孕畜忌注射用
乙型脑炎灭活疫苗	预防羊乙型脑炎	1 月龄以上，每头肌内注射 2 毫升		
羊传染性胸膜肺炎苗	预防羊传染性胸膜肺炎	肌内注射或皮下注射，成年羊 5 毫升 / 只，6 月龄以下羊 3 毫升 / 只	1 年	
羊链球菌苗	预防羊败血性链球菌病	6 月龄以上羊一律尾根皮下注射 1 毫升	1 年	生理盐水稀释

注：各疫苗免疫间隔时间为 7~10 天，使用前应按说明书进行操作

参考文献

周淑兰，曹国文，付利芝 . 2010. 羊病防控百问百答［M］. 北京：中国农业出版社 .

王福传，段文龙 .2012. 图说肉羊养殖新技术［M］. 北京：中国农业科学技术出版社 .

闫益波 .2015. 轻松学羊病防制［M］. 北京：中国农业科学技术出版社 .

辛蕊华，等 . 2016. 羊病防治与安全用药［M］. 北京：化学工业出版社 .